πの話

岩波書店

まえがき

これは，円周率というおもしろい数に，“人間がどのように取りくんできたか”を書いた本です．

円周率πは，円の周や面積の計算にどんどん使われる，とても役にたつ数です．それなのに，その値をきちんと書きあらわそうとすると，

$$3.14159\ 26535\ 89793\cdots$$

となり，“…”のところはいくらでも続いて終わりがありません．おまけに，

$$0.142857\ 142857\ 142857\ 14\cdots$$

のような“くり返し”(循環小数)にもならないのです．

このようなふしぎな数を使いこなすために，ある人たちは自由に大胆な実験やら計算をやりましたし，また別の人たちは注意ぶかく論証をすすめようとしました．ある人たちは成功しましたが，運悪く失敗した人もおおぜいいます．そういう成功と失敗のあとをたどってみますと，科学に対する人間の正しい態度が，しぜんに浮かびあがってくるように思われます．そのようなことについても，要点をできるだけわかりやすく書いてみたつもりです．

なお，第4章にはニュートンの微積分学の解説がふくまれています．ここはすこしむずかしいかもしれませんので，円

周率の計算競争の表など，おもしろそうなところだけ，ひろい読みをしてかまいません．ただ，第6章の終わりのほうは，科学のありかたにふれているところなので，とばさずにぜひみていただきたいと思っています．

まえがきは，これでおしまい――さっそく第1章を開いてみてください．話は，だれでもよく知っている，円の実例からはじまります(ではどうぞ！)．

目　次

さしえ／村田道紀

第1章

円周率と私たち

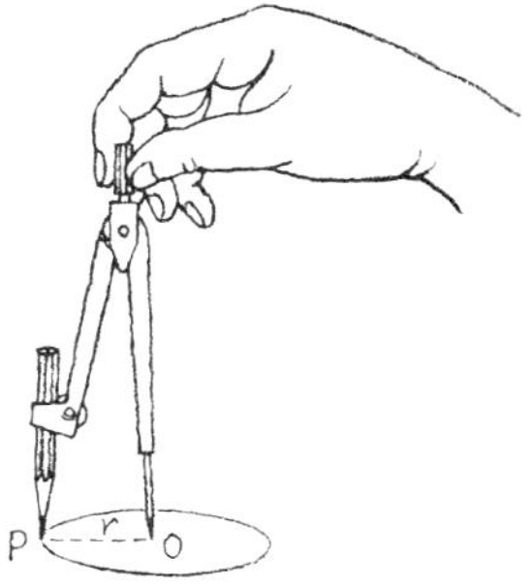

美しい図形――円

円は，美しい図形です．なかでも太陽と月は，代表例といってよいでしょう．

「夕陽がセント・ソフィアの円塔に傾こうとするイスタンブールの黄昏は，ヨーロッパに二つとない絶景である．」(芦田均『バルカン』岩波新書，p. 20)．トルコ人はこれをながめて，この世に生まれたことを祝福するために，夕陽のうららかな街の一角に腰をおろして，夕べの祈りの鐘を待ったということです（なお芦田均は外務大臣・総理大臣経験者)．

月も大昔からの，人間の友だちでした．とりわけ，遠くに旅をして見る満月は，暖かくなつかしく，また格別なものです．私が，南フランスのちょっと淋しい山小屋で，月を見ながら思いだしたのも，子供のころに見た故郷の月でした．昔は，十五夜の晩に，お団子やお神酒をお供えして，家中でお月見をしたものです．アンデルセンも，『絵のない絵本』のなかで，うまいことをいっています．

「あの，まるくて，なつかしい顔が，……故郷にいたころからの，ぼくのいちばんいい友だちが見えたのです」(『絵のない絵本』，大塚勇三訳，アンデルセン童話集，福音館書店，p. 5)．

円が織りなす曲線にも，みごとなものがいろいろあります．たとえば，ひとつの円板に穴をあけてボールペンをさしこみ，その円板が定規の上をすべらずにころがっていくように動か

(a) トロコイド

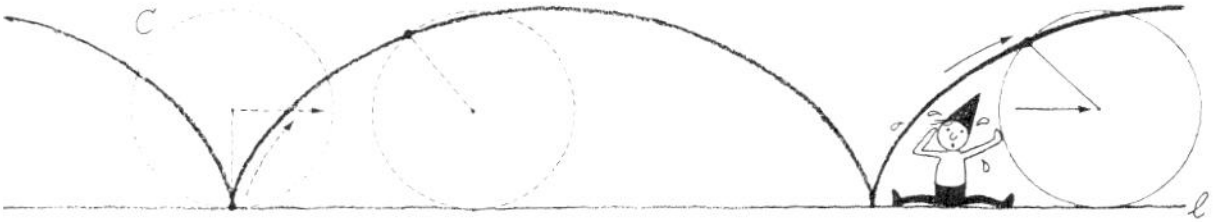

(b) サイクロイド

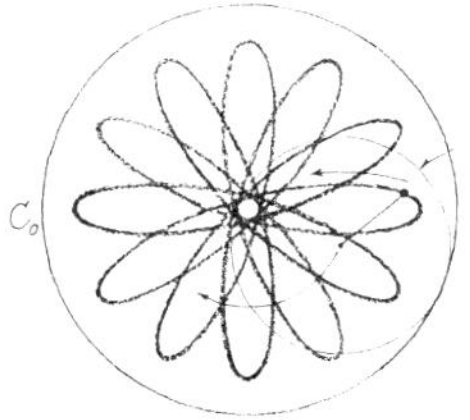

(c) 内トロコイド

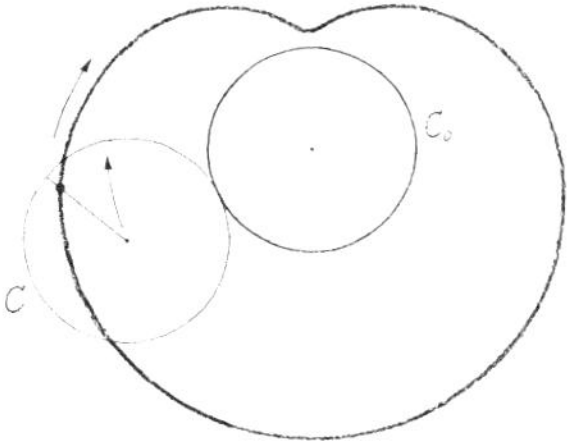

(d) 外トロコイド

図1 円が織りなすさまざまな曲線

したとします．するとそのボールペンは，“トロコイド”と呼ばれるやわらかい波線を描きます(図1(a))．ボールペンが円周上にあれば(やりにくいでしょうが)，“サイクロイド”が描かれます(図1(b))．これは“幾何学のヘレン”ともいわれる，昔から有名な曲線です(ヘレンは，トロイ戦争の原因になったという，絶世の美女の名です)．円板を他の円周の内(外)側にそってころがせば，“内(外)トロコイド”が描かれます(図 1(c), (d)). ペンの位置を変えることによって，じつにさまざまの曲線が得られます.

役に立つ図形 —— 円

円はまた，実用的にもきわめて重要な図形です. 車輪が発明されたのは，紀元前 3500 年ころのできごとといわれますが，これが私たちの生活に，どれくらい大きな影響をあたえているか，考えてみてください！　私たちが食べているお米や野菜，読んでいる本や新聞など，ほとんどどれをとっても，遠くから列車や自動車など，“車”で運ばれたものばかりといってよいでしょう.

交通・輸送機関のほかに，身近で役に立っている円としては，(正確な円ではありませんが)歯車があります. 私たちの生活を律する時計などは，歯車のかたまりのようなものです. パンや牛乳などの生活必需品も，オートメーション化された工場では，複雑な歯車のしかけで，次々と成型されたり，びんに詰められたりして，製品化されるのです.

さっきながめたいろいろな曲線が，役に立つこともあります. 一例として，次のような問題を考えてみましょう.

“がけの上の地点 A から，がけの下の離れた地点 B まで，レールをひいてトロッコを走らせたい(図 2(a)). トロッコがもっとも速く地点 B に到着するためには，レールをどのような形にひけばよいか(ただしトロッコは重力だけで走るものとし，摩擦は無視できるとする).”

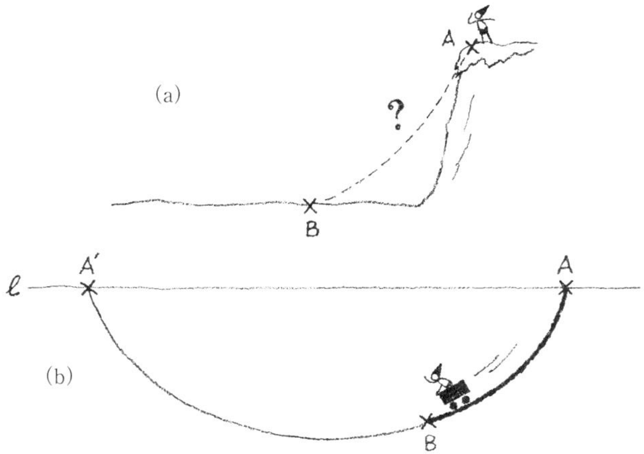

図2　トロッコが重力だけでもっとも速く到着するための曲線

この問題を解くには，かなりむずかしい数学が必要ですが，答は簡単で，下向きのサイクロイド(図2(b))を使えばよいのです．もうすこしくわしくいうと，地点Aに水平に“定規”をあてて(直線 l)，Aから出発するサイクロイドを描くのです．円の半径は，地点Bを通過するように適当にえらびます．

サイクロイドは，同じ高さの2点をつなぐ線路の設計にも応用できます．たとえばトロッコにのって，重力だけで東京–大阪間をもっとも速く移動するには，ちょうど図2(b)のようなトンネルを掘ればよいのです(Aが東京，A′が大阪になるようにします)．Aから出発したトロッコは，すごい勢いで地底を走りぬけ，それからだんだんとスピードを落としながら，最後は品よく速度ゼロで A′ に到着します(そこでつかまえてやらないと，また A に逆もどりします)．残念ながら，東京–大阪をサイクロイドでつなごうとすると，長さ 530 km，深さ 130 km 以上のトンネルを掘らなければならないので，この案を全面的に採用するわけにはいかないでしょうが，なにしろエネルギーを(ほとんど)消費しませんから，将来の夢としては楽しいものでしょう．

円とその性質

円とは，ゆがみのない，理想的に“まるい”形のことです．それでは，“理想的に”まるいというのは，どういうことでしょうか？

円をきれいに描くには，コンパスを使うでしょう．しっかりしたコンパスなら，とがった方の脚の位置は動かず，また両脚の間隔は変わりません．ここに理想の円の特質があります．いいかえれば，

　一定の点 O から，一定の距離 r をたもつように点 P を動かしたとき，その点 P が描く図形

を**円**というのです――まわりくどいようですが，これが円の定義です．点 O を，その円の**中心**といい，距離 r を**半径**といいます．半径の 2 倍は，円のさしわたしの長さで，これを**直径**といいます．

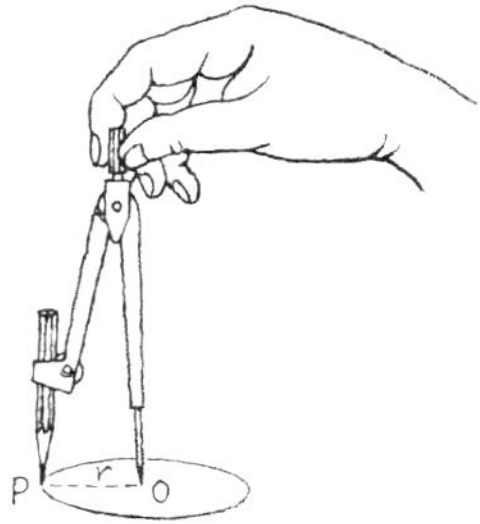

コンパスで実際に描かれた円は，理想的な円ではありません．鉛筆が描く線には多少の幅がありますし，またとがった方の脚も，絶対に動かないわけではありません．ですから，理想的な円の性質について，ある結果を主張するには，さっきの定義にもとづいて，論理的にその結果をたしかめなければならないのです．これが数学の立場です．

しかしながら，理想的な円を考えるもとになったのは，太陽や車輪などの，具体的な円です．これらの具体的な(不完全な)円によって，理想的な円のイメージが得られるように，実際に描かれた円から，理想の円の性質が明らかに見てとれることもあります．この章ではそういう直観を重んじて，数学的な論証にはあまりこだわらないことにします．

他の図形とくらべたときの，円のきわだった特徴は，その完全な対称性でしょう．中心を通るどんな直線で折りたたんでみても，両側の(半)円はぴったり重なりあいます．このような直線(折りめ)を**対称軸**といいますが，正三角形の対称軸

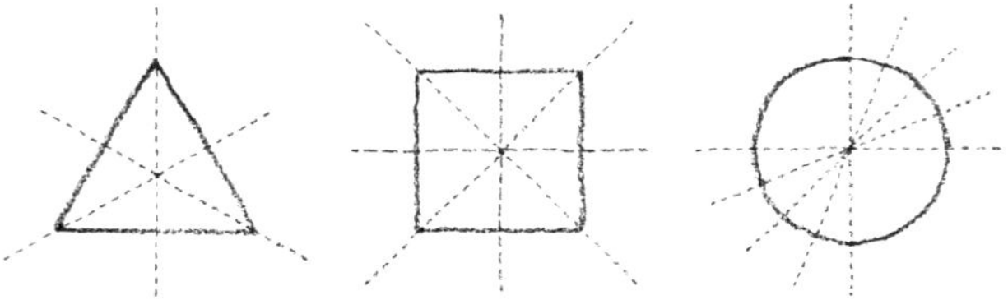

図 3　**対称軸**　正三角形は 3 個，正方形は 4 個だが，円は無限個の対称軸をもつ．

は 3 個，正方形の対称軸は 4 個しかありません(図 3)．円は，無限個の対称軸をもっているわけです．

円のもうひとつの特徴は，周の長さが同じ図形の中で，(内部の)面積がもっとも大きいということです．面積が同じ図形の中で，周の長さがもっとも短い，ともいえます．たとえば，周の長さが 10 cm である，いくつかの図形の面積を比較してみますと，表のようになります．

周の長さが 10 cm の図形の面積(cm^2)

図　形	面　積
正三角形	4.81
正四角形	6.25
正六角形	7.22
正八角形	7.54
円	7.96

他のどんな図形とくらべても，円の面積が最大になることは，表面張力を利用した次の実験からもわかります．図のように針金のわくに糸の輪をつるし，それをせっけん水につけて膜を張らせます．それから糸の輪の中を棒でつついて，内側の膜だけ破ると，どうなると思いますか？

物理学者は，次のように説明します．輪の外側に残った膜の分子がたがいに引きあって(表面張力)，小さくなろう小さ

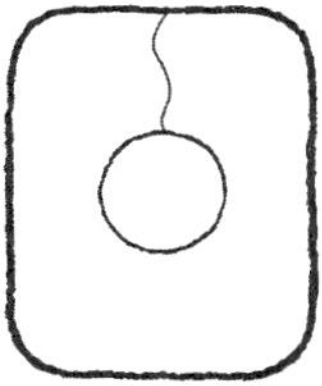

くなろうとする．その結果，糸の輪は，輪の“内側の面積が最大になる”ような形をとる．糸の長さはきまっているから，その形こそ“周の長さが同じ図形の中で，面積が最大”なものである——やってみますと，パチン！　きれいな円ができました！

この知識を使うと，雨どい(金属製の排水路)を半円筒形にするのがよいという理由も説明できます．金属板を折り曲げて雨どいを作るのに，切り口をどのような形にすれば，流せる水量が最大になるかを考えてみましょう．それには，板の幅 l を一定として，図4の斜線部分(流れる水の断面)の面積が最大になるように，切り口の形を工夫すればよいのです．

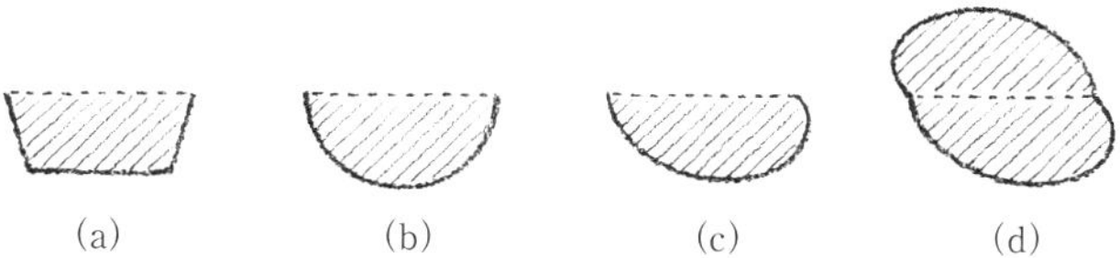

図4　雨どいの断面　板の幅が一定で断面積が最大になる雨どいの形は半円である．

たとえば図4(c)のような形を考え，この場合の断面積を

かりに s とします．この形を二つ，点線部分でつなぐと(図 4(d))，周の長さが $2l$ で，面積が $2s$ であるような図形ができます．ところが，周の長さ $2l$ を一定とすれば，面積最大の図形は円ですから，

$$周\ 2l\ の円の面積 \geqq 2s$$

ゆえに，両辺の半分をとっても，

$$周\ l\,(直線部分を除く)の半円の面積 \geqq s$$

となります．このように，切り口の形を半円形にしておけば，断面積は最大になるのです．

なお，周一定の長方形の中では，正方形の面積が最大です．この事実から，切り口の形を長方形に制限した場合には，正方形を水平に 2 等分した形が一番よいことがわかります．

円周率とその性質

円の直径を 2 倍にすれば，円周(つまりひとまわりの長さ)も 2 倍になり，直径を半分にすれば，円周も半分になります．一般に，円周と直径の比率は一定で，一方を a 倍すれば，他方も a 倍になるのです —— これはみなさんが，とっくの昔から知っていることでしょう．もうすこし復習を続けると，この一定の比率を円周率といって，記号 π (パイ)であらわします．式できちんと書けば，円の直径を R，円周を l とすると，

$$l = \pi R$$

となります．

π のだいたいの大きさは,

$$\pi = 3.14159\cdots$$

です．円の半径を r とすれば，$R=2r$ ですから,

$$l = 2\pi r$$

となります.

これらの公式から，円の面積の公式を導きだすことができます．それには円を図 5 のように切ってならべかえて，長方形に似せてやるのです．上下の辺 AB, DC は細かく波うっていますが，切りかたを細かくすれば，どんどん平らに近づきます．切ってならべかえても，面積は変わりませんから，こ

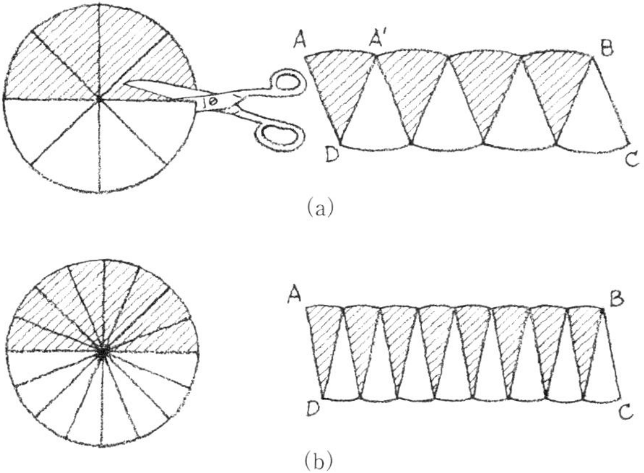

(a)　(b)

図 5　円を切ってならべかえ，面積を求める　切りかたを細かくすれば，図形 ABCD は縦が円の半径，横が円周の半分である長方形に近づく.

の長方形の面積は，円の面積に等しいと考えてよいでしょう．そこで，この長方形の辺の長さを考えてみます．

上下の辺の長さは，もともと円周を切ってつないだものですから，それぞれ円周 l の半分に等しいでしょう．両わきの辺 AD, BC の長さは，半径そのものです．したがって，次の関係が得られます．

記号 π について

π（パイ）は，ローマ字の p にあたるギリシア文字である（大文字は Π）．これは円周（periphery）の頭文字にあたるので，円周率をあらわす記号として使われるようになり，今では“円周率”とか circle ratio などとことわらなくても，ただ π と書くだけで，だれにでもわかるくらい広まった．

円周率をあらわす記号として，はじめて π を使ったのは，イギリスの数学者ウィリアム・ジョーンズ（1675–1749）らしい．しかし一般には，スイスの大数学者レオンハルト・オイラー（1707–83）が使いはじめてから普及したので，オイラーが最初だと書いてある本も多い．このように，名誉が有名人に集まってしまうのは，（ジョーンズ氏にはお気の毒だけれど）よくあることで，“マタイの法則”という名前までつけられている．

「おおよそ，持っている人は与えられて，いよいよ豊かになるが，持っていない人は，持っているものまでも取り上げられるであろう．」（『新約聖書』マタイ伝，第 13 章 12 節）

$$円の面積\ s = (円周の半分) \times (半径)$$

一方

$$\frac{l}{2} = \frac{2\pi r}{2} = \pi r$$

ですから，当然，

$$s = (\pi r) \times r = \pi r^2$$

これを簡単に，次のようにいいます．

円の面積は，半径の2乗に比例する．

球については，次の公式が成りたちます．半径 r の球の，体積を V，表面積を S とすると，

$$V = \frac{4}{3}\pi r^3$$

$$S = 4\pi r^2$$

となります．これらの式の証明は，あとで適当な機会にしますが，興味のある方はひとつお考えください(さっきのように簡単には，いかないと思いますよ！)．

ところで，この円周率のちょっとした応用として，地球の半径を求めてみましょう．そのためには，地球の周の長さがわからないといけませんが，みなさんは，メートルがどのようにしてきめられたか，知っていますか？

話は飛ぶようですが，メートルという長さの単位がきめられたのは，1790年にさかのぼります．そのころヨーロッパでは，土地によって単位がまちまちで，取り引き上たいへん不便でした(次ページ右側の表を見てください！)．

そこでフランス政府は，国際的な新しい長さの単位をきめたらよかろうと考えました．それでは，新しい単位をどのようにきめたかというと，いろいろな議論のすえに，

地球の北極から赤道までの距離の 1000 万分の 1 を 1 m とする

ということになったのです．その後，精密な測量をはじめとして，いろいろなできごとがあったのですが，最初のきめかたを大きく変えるようなことはなかったので，今でも，地球の北極から赤道までの距離は，だいたい 1000 万 m(1 万 km) と考えてさしつかえありません．つまり，地球の周は約 40000 km というわけです．そこで，

$$l \fallingdotseq 40000\,(\mathrm{km})$$

とおいて，

$$r = \frac{l}{2\pi}$$

を計算すると，

長さの単位のいろいろ(1770 年代)
(イングランドのインチであらわす)

単位名	地　名	長　さ
フート	イングランド	12.000
	スコットランド	12.065
	パリ	12.788
	リヨン	13.458
	アムステルダム	11.172
エル	イングランド	45.000
	スコットランド	37.200
	ブリュッセル	27.260
オーヌ	パリ(絹物類)	46.786
	パリ(かけ布類)	46.680
	リヨン	46.570
ブレイス	ローマ(建築家)	30.730
	ローマ(商人)	34.270
	フィレンツェ	22.910

『エンサイクロペディア・ブリタニカ(初版，1771 年完成)』，GEOMETRY の項より．日本の尺にも，曲尺(かねじゃく)・鯨尺(くじらじゃく)・呉服尺(ごふくじゃく)・享保尺(きょうほじゃく)などがあり，曲尺に(法律的に)統一されたのは明治以後である．

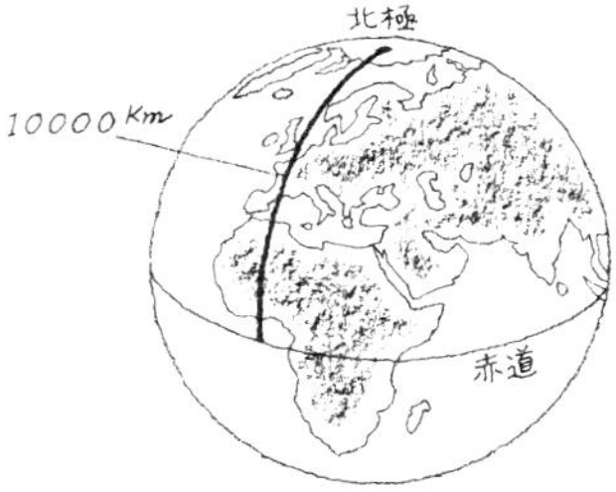

地球の半径 $r \fallingdotseq 6370$(km)

が得られます――エベレスト山の高さは 9 km たらず(8848 m)ですからリンゴでいえば小じわみたいなものです.

せっかく半径を求めたのですから，ついでに“水平線までの距離”を計算してみましょう．さえぎるもののない海岸にたって，はるか彼方の海上をながめたときに，どのくらい遠くまでみえるか――図 6 の，AB の距離を問題にするわけです(どれくらいだと思いますか？)．すると，∠OBA が直角になるので，次の式が成り立ちます(ピタゴラスの定理).

$$AB^2+BO^2 = AO^2$$

かりに目の高さを 1.5 m としますと,

$$AO = OA'+AA' = 6370+0.0015\,(\mathrm{km})$$
$$BO = 6370\,(\mathrm{km})$$

ですから，簡単な計算で次の答が出ます.

$$AB = 4.37\cdots(\mathrm{km})$$

つまり，約 4.4 km ということになります(あんがい小さいものだと思いませんか？).

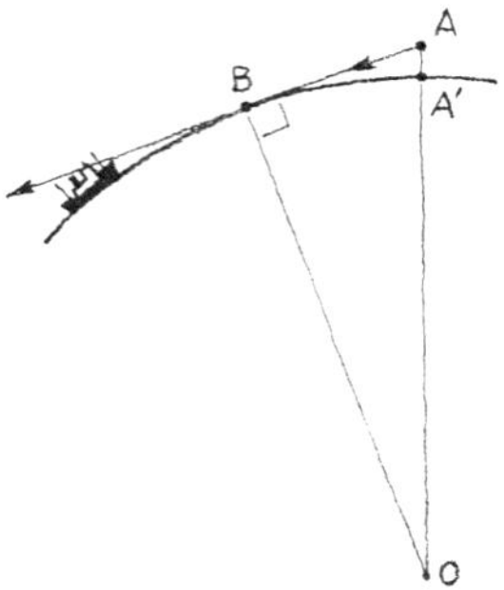

図 6　水平線までの距離　目が A の位置にあるとすれば，足もと A′ から B までの海は見えるが，そのさきは見えない．目の高さを $AA'=h$ とおき，地球の半径を r とすると，ピタゴラスの定理から，

$$AB=\sqrt{AO^2-BO^2}=\sqrt{h(2r+h)}$$

なお，r のだいたいの値は，6370 km.

私は横浜の生まれで，子供のころ，本牧岬の海で遊んだことがありますが，そのころ反対がわの“岸”と思って見ていたところは，実は房総丘陵のすその方だったので，海岸ではなかったのでした ── 対岸の木更津市までは，20 km 以上も

あるのです．

円周率のなぞ

円周率は大昔から親しまれている定数です．その大きさがだいたい3であることは，おそらく土木・建築の経験から，ずいぶん昔から知られていました．たとえば古代バビロニアでは，紀元前2000年にすでに

$$\pi \doteqdot 3\frac{1}{8} = 3.125$$

が知られていましたし，同じころエジプトでは，

$$\pi \doteqdot 4\times\left(\frac{8}{9}\right)^2 = 3.1604\cdots$$

が使われていました．もっと簡単な近似値として，$\pi \doteqdot 3$ もよく使われたらしく，たとえば『旧約聖書』に，こんな文がのっています(『列王記』上，第7章23節 —— ソロモン王の宮殿の，ぜいたくな装飾を描いた文章の一部分です)．

「それから彼(ソロモン王)は，さしわたしが10キュビトの鋳物の海(水盤)を作った．それは円形で，高さは5キュビトあり，なわを巻くと30キュビトあった．」

キュビト(cubit)は長さの単位で，およそ50 cmです．まわり(円周)がさしわたし(直径)の3倍ですから，$\pi \doteqdot 3$ ということになります．

それでは円周率は，正確にはどのようにあらわされる，どんな値の数なのでしょうか？ —— これは，古代ギリシア人に

とって，ひじょうに魅惑的な問題だったようです．彼らはだいたんにも，円周率ぶんの長さをもつ，まっすぐな線分を，定規とコンパスで作図しようと考えました．

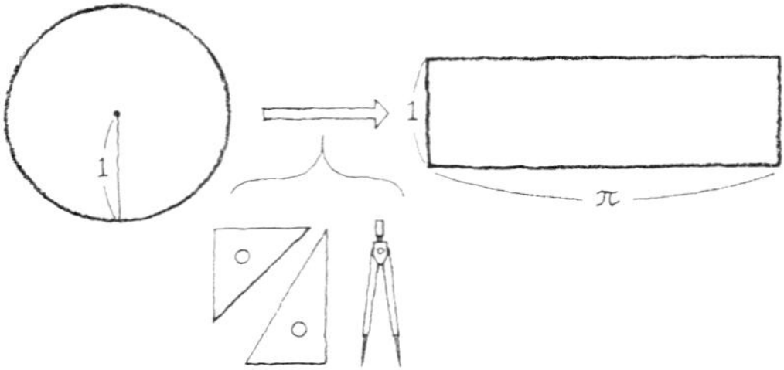

その作図には，前に考えた面積の公式の証明が参考になると思われます．半径 1 の円の面積は，縦が 1，横が π の長方形の面積に等しいでしょう．円を細かく等分してならべかえれば，この長方形にいくらでも近い形をつくることができます．もちろん，ただ切ってならべかえただけでは，この長方形とぴったり同じものを作ることはできませんが，うまい工夫によって，与えられた円から，定規とコンパスによって，この長方形を作図できるかもしれません．もしそれができれば，長さ π のまっすぐな線分（近似値などではない！）を，目の前に見ることができるわけです．

定規とコンパスを使って，長方形を同じ面積の正方形になおしたり，逆に正方形を長方形になおしたりするのは，ギリシア時代にも知られていました．ですから，円周率を作図する夢は，次のようにいいかえられます．

> 与えられた円と同じ面積をもつ正方形を，定規とコンパスとで作図せよ．

これは円積問題と呼ばれ，ギリシアの三大難問のひとつです．

$\sqrt{2}, \sqrt{3}$ など，平方根(と同じ長さの線分)の作図は簡単です(次ページ図7)．また，定規とコンパス以外の道具を使ってよければ，円積問題は解けます．たとえばアルキメデスは，スパイラルという曲線(21ページ図8)を使えば，円積問題が簡単に解けることを示しました．しかし道具を定規とコンパ

ギリシアの三大難問

ギリシア人は，だれの目にもあきらかな“公理”から出発して，一歩一歩確実に数学を作りあげようとした．そのため，作図の道具としては，最も確実な定規とコンパスしかゆるさなかった．これは見あげた根性というべきであろうが，そのために，一見簡単な問題が，ひじょうにむずかしくなってしまうことがよくあった．なかでも有名なのが，次の三大難問である．

(1)　角の3等分：与えられた角を，いつでも3等分できる作図法を示せ．

(2)　立方体の倍積：与えられた立方体(縦・横・高さが等しい)の，ちょうど2倍の体積をもつ立方体を作図せよ．

(3)　円の正方形化：与えられた円と同じ面積をもつ正方形を作図せよ．

この問題の結末については，少しずつ解説するつもりなので，ここで書いてしまうわけにはいかない．

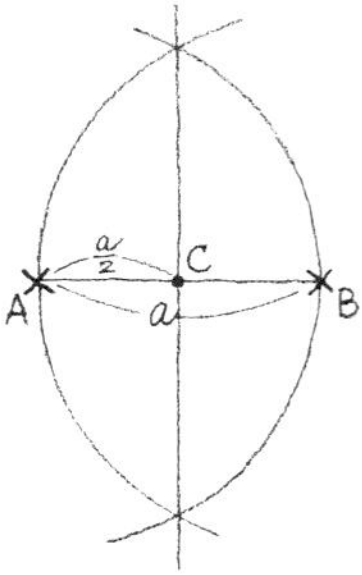

(a)　線分 AB の 2 等分
（中点 C の作図法）

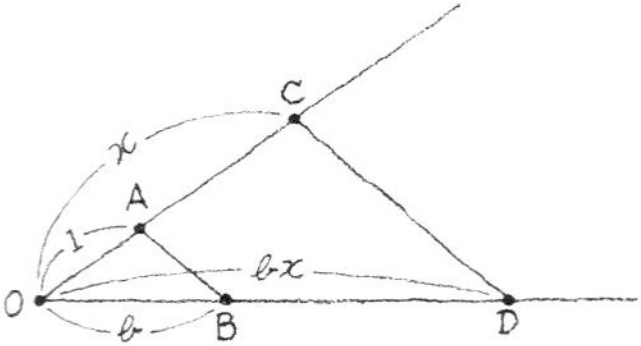

(b)　長さの積と商：AB, CD が平行ならば，

OA：OC = OB：OD

ここで OA=1 とすれば，

OB×OC = OD

それゆえに，長さ a^2 の線分を作図するには，OB=OC=a として，C から AB と平行な線をひき，OB との交点 D を求めればよい．すると，OD が長さ a^2 の線分になる．また，$bx=a$ となる x を求めるには，OB=b，OD=a として，C を求めればよい（OC=x）．

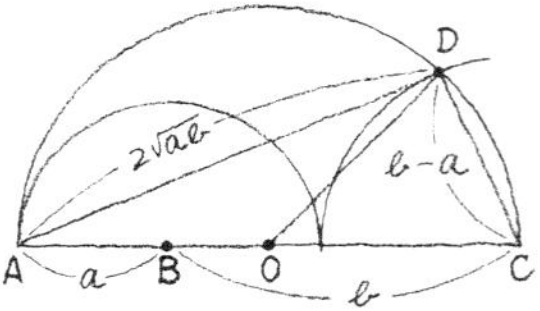

(c)　$\sqrt{ab}$ を求める：AB=a，BC=b とし，O を AC の中点とする．O を中心とする半径 OA の円上に CD=$|b-a|$ となる点 D をとれば，ピタゴラスの定理によって

$$AD^2 = (b+a)^2-(b-a)^2$$
$$= 4ab$$

いいかえれば

$$AD = 2\sqrt{ab}$$

これは，“与えられた長方形と同じ面積をもつ正方形” の作図に利用できる．

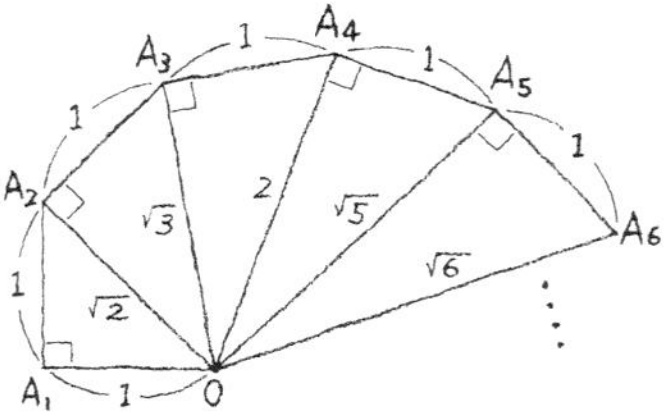

(d)　整数の平方根：$OA_1=A_1A_2=A_2A_3=\cdots=1$ ならば，ピタゴラスの定理から，

$$OA_2=\sqrt{2},\ OA_3=\sqrt{3}, \cdots$$

図 7　いろいろな長さの線分の作図

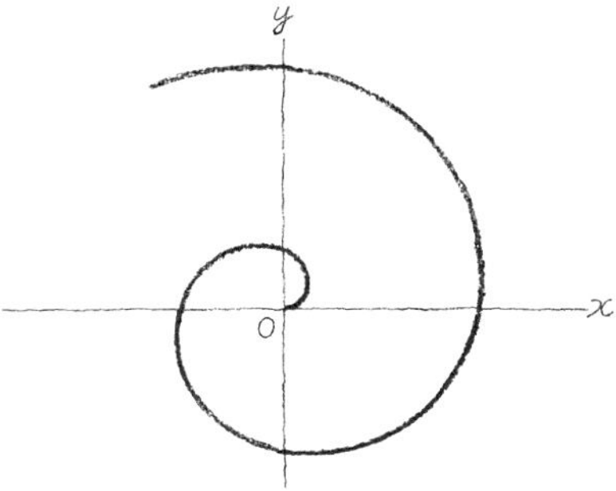

図 8　**アルキメデスのスパイラル**　回転しながら中心をはなれていく点の描く図形をスパイラル(螺線)という．アルキメデスは回転角と中心からの距離とが比例する場合を考えた．

スに限ると，そうはいかないのです．

ある人々は，円弧をふくむある図形が，同じ面積の長方形に(したがって，正方形にも)なおせることを示しました．たとえば図 9(a)の斜線部分は簡単で，点線より上をはさみで 2 等分して，下の白い部分に移してやれば(はめ絵の要領)，たちまち長方形になおせます(A, B, C, D はすでに与えられていますから，定規で線をひくだけで，長方形の作図ができたことになります)．

図 9(b)の斜線部分は，“ヒポクラテスの月”と呼ばれる図形で，その面積は三角形 ABO_2(したがって，AO_1 を 1 辺とする正方形)に一致します．

なおこの月を考えついたヒポクラテスは，医聖といわれるコスのヒポクラテスとは別人で，キオス出身の商人でした．

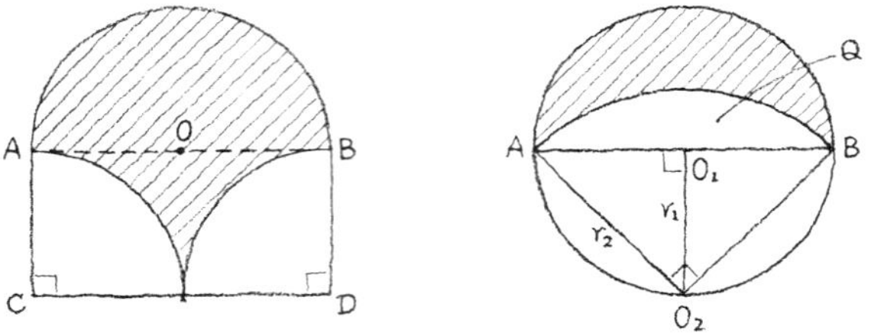

(a)　　　　　　(b)　ヒポクラテスの月

図9　円弧をふくむ図形が長方形になおせる例

(a)　点線より上をはさみで切りとって，さらに2等分し，下の白い部分に移せばよい．

(b)　$AO_1=r_1$，$AO_2=r_2$ とおけば，ピタゴラスの定理から

$$r_2{}^2 = AO_1{}^2+O_2O_1{}^2 = 2r_1{}^2$$

となるので，

$$\text{“月”の面積} = (\text{半径 } r_1 \text{ の半円の面積}) - (\text{弓形 Q の面積})$$

$$= \frac{1}{2}\pi r_1{}^2 - \left(\frac{1}{4}\pi r_2{}^2 - (\text{三角形 } ABO_2 \text{ の面積 } r_1{}^2)\right)$$

$$= \frac{1}{2}\pi r_1{}^2 - \frac{1}{4}\pi(2r_1{}^2) + r_1{}^2$$

$$= r_1{}^2$$

伝説によれば，彼はビザンチンで詐欺(海賊という説もある)のために財産をなくして，そのために幾何学研究の道に転じたのだそうです．

その後，多くの人々の努力にもかかわらず，円積問題は2000年以上も解けないままでした．円周率という数は，ギリシア人の想像を絶する，おそろしくむずかしい数だったのです．その結末は──あとでお話しますが，ここではなぞとしておきましょう．

π に関係する公式・定数

むずかしい公式もありますが，この本では使いません．
気楽にながめてください．

(1) 長さ・面積・体積(関係する半径を r とする)

円周 $l=2\pi r$, サイクロイドの長さ $L=8r$

円の面積 $s=\pi r^2$,

長円(楕円(だ))の面積 $S=\pi ab$(a,b は長径および短径)

球の体積 $V=\dfrac{4}{3}\pi r^3$, 球の表面積 $S=4\pi r^2$

(2) 定数(実用にあたっては，適当なところで 4 捨 5 入して使う)

$\pi = 3.14159\ 26535\ 89793\cdots$,

$\log_{10}\pi = 0.49714\ 98726\ 94134\cdots$

$\dfrac{1}{\pi} = 0.31830\ 98861\ 83791\cdots$,

$\sqrt{\pi} = 1.77245\ 38509\ 05516\cdots$

$\sqrt{2\pi} = 2.50662\ 82746\ 31001\cdots$,

$\dfrac{1}{\sqrt{2\pi}} = 0.39894\ 22804\ 01433\cdots$

ラジアンと度 (°) の換算：

x ラジアン $= \left(\dfrac{\pi}{180}\right) y^\circ$,

$\dfrac{\pi}{180} = 0.01745\ 32925\ 19943\cdots$

$y^\circ = \left(\dfrac{180}{\pi}\right) x$ ラジアン,

$$\frac{180}{\pi} = 57.29577\,95130\,82321\cdots$$

(3)　代表的な公式

スターリングの公式：　$n! \fallingdotseq n^n e^{-n}\sqrt{2\pi n}$

これは n の値が大きいとき，よくあてはまる近似式である．ただし，

$$n! = 1\times 2\times\cdots\times n$$

$$e = 1+\frac{1}{1!}+\frac{1}{2!}+\frac{1}{3!}+\frac{1}{4!}+\cdots$$

$$= 2.71828\,18284\,59045\cdots$$

オイラーの公式：$e^{ix} = \cos x + i\sin x$　　$(i = \sqrt{-1})$

ここで $x=\pi$ とおくと，次の有名な公式が得られる．

$$e^{i\pi} = -1$$

第2章

円周率を測る

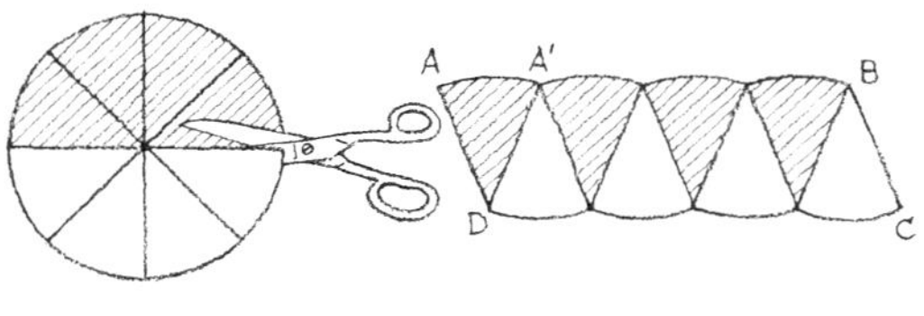

次に，私たちの手で円周率の大きさをはかってみましょう．はじめに，古代のバビロニア人・エジプト人のかしこさを学ぶために，なるべく素朴な道具でやってみることにします．

古代の人のちえ

昔の人には，私たちがもっているような便利なコンパスも，正確なものさしもなかったでしょう．かりに1本の紐と，木切れしかなかったとして，どれくらい正確に測れるでしょうか？

紐の両側に木切れをくくりつけて，地面に円を描いてみましょう．そして紐をそのままものさし代わりにして，円周を測ってみます．紐を円に重ねて，紐の長さ(半径)ごとに目印をつけてゆくと，目印が6回つけられて，少しあまりが出ます．そこで，紐を四つ折りにして，そのあまりの部分にあててみると，かなりよくあいます．

円周を l，半径を r とし，あまりの長さを d としてみましょう．いま説明したことから，

$$l = 6r + d = 2\pi r$$

$$d \doteqdot \frac{1}{4} r$$

というわけです．したがって，

$$l \doteqdot \left(6+\frac{1}{4}\right)r = 2\times\left(3+\frac{1}{8}\right)\times r$$

となり,

$$\pi \doteqdot 3+\frac{1}{8}$$
$$= 3.125$$

が得られます．これがバビロニアで使われていた値でした！

あまりの長さ d をもっとくわしく測れば，もっとよい値が出るかもしれません．そこで，6 人の中学生・小学生の男女に応援してもらって，実際に円を描くところからやってもらいました．

男子組 3 人の実測結果から紹介しますと，次のようになります．

(1)　第 1 回：　　あまり $d \doteqdot \frac{4}{9}r$

したがって

$$l \doteqdot \left(6+\frac{4}{9}\right)r = 2\left(3+\frac{2}{9}\right)r$$

ここから

$$\pi \doteqdot 3.222\cdots$$

が得られます．

(2)　第 2 回：紐をいろいろ折りまげ，次のような測定をしています．

$$\pi = \frac{l}{2r} \doteqdot \frac{2055}{662}$$

$$= 3.104\cdots$$

女子組 3 人のほうは，わりあいあっさり，いい値に達しています．

$$\text{あまり}\ d \doteqdot \frac{1}{3}r$$

したがって，

$$l = 6r + d \doteqdot \left(6 + \frac{1}{3}\right)r$$

ここから

$$\pi = \frac{l}{2r} \doteqdot \left(3 + \frac{1}{6}\right)$$

$$= 3.166\cdots$$

以上の結果をまとめてみましょう．円を描くときの誤差や，測るときの誤差が，どうしても数パーセントはあるでしょうから，小数点以下 3 桁めで 4 捨 5 入することにします(それ以上の値は，いくら詳しく出してもあまり意味がありません)．すると，

男子組	第 1 回	3.22
	第 2 回	3.10
女子組		3.17

これらを平均すると約 3.16 で，誤差(0.02 程度)は π の値にくらべて 1% 程度です．これは，紐と木切れで描いた線のあ

らさを考えれば，非常によい結果といえましょう．

自転車で測る

グラウンドに出たついでに，次のような実験もやってみました．まず，自転車の車輪の半径を測ります――33.1 cm でした．次に，この自転車を，車輪(1ヵ所にリボンをつけておきます)がちょうど8回転するまで，直線上を押していって，その距離を測るのです．進んだ距離は，

(第1回)　16.40 m

(第2回)　16.44 m

でした．これらの平均をとって，1回転ごとに進む距離(円周) l を概算すると，次のようになります．

$$l \fallingdotseq 205\ \mathrm{cm}$$

したがって，

$$\pi \fallingdotseq \frac{205}{2\times 33.1} = 3.106\cdots$$

すなわち，約3.11という値が得られました．

実験室で

室内でできることも，いろいろあります．まず，古代エジプト人がやったと思われる，“円積問題を砂で解く”実験からやってみましょう．まず，一定の厚さの砂の層(私たちは砂のかわりに，粘土を使ってみました)を，お茶のかんのよう

な円筒で打ちぬいて，円板を作ります．次に，この円板をくずして，同じ厚さの角板(ま上から見たところが，正方形になるように)を作るのです．そして，もとの円板の半径 r と，新しい正方形の1辺の長さ a とをくらべるのです．すると，半径 3.5 cm だった円板が，1辺の長さ 6.2 cm の角板に変わりました．

ここから何がわかるのでしょうか？　砂(粘土)の体積は，形を変えても変わらないでしょう．ですから，

$$\text{円板の体積} = \pi r^2 \times \text{厚さ}$$
$$\text{角板の体積} = a^2 \times \text{厚さ}$$

が“等しい”とおいてみると，次の式が得られます．

$$\pi \times (3.5)^2 \times \text{厚さ} = (6.2)^2 \times \text{厚さ}$$

ここから次の値が得られます(厚さ＝1.3 cm で実験したのですが，すぐ約せますから，計算には関係ありません)．

$$\pi \doteqdot \frac{(6.2)^2}{(3.5)^2}$$
$$= 3.137\cdots$$

つまり，約3.14となります！

古代エジプト人は，

$$a \doteqdot \frac{16}{9} r = \frac{8}{9} R \qquad (\text{ただし，} R = 2r = \text{直径})$$

と考えていました．すると，

$$\text{円の面積} = \pi r^2 = a^2 \doteqdot \left(\frac{8}{9} R\right)^2$$

$$= \left(R - \frac{1}{9}R \right)^2$$

となります．この最後の式が，古代エジプトの，円の面積を求める公式でした．これは，私たちのやりかたで，

$$\pi \doteqdot \left(\frac{16}{9} \right)^2 = 3.160\cdots$$

として計算するのと同じことです．

少し変わった実験としては，次のようなものがあります，

(A) 大きな紙に，1 辺の長さ c の正方形を描き，その中にそっくりはいるように，半径 r の円を描く．そして，その紙の上に，豆をでたらめにたくさんばらまけば，

$$\frac{\text{円の中にはいった豆の個数}}{\text{正方形の中にはいった豆の個数}}$$

$$\doteqdot \frac{\text{円の面積}}{\text{正方形の面積}} = \frac{\pi r^2}{c^2} = \left(\frac{r}{c} \right)^2 \pi$$

となるでしょう．そこで，豆の個数を実際にかぞえてみれば，(r と c はさきに測っておくとして) π の近似値がわかるはずです．

(B) 大きな紙に，間隔 d の平行線をたくさんひき，その上に長さ l の針を投げてみます($l<d$ とします)．そして，針が平行線にかかる割合(確率) p を理論的に計算してみると，次のようになります．

$$p = \frac{2l}{\pi d}$$

実験で得られたπの値

実験	π	実験	π
(1) 豆(砂粒)をまく	3.09	(4) 円板の重さ	3.09
(2) 針を投げる	3.13	(5) 針金と糸巻	3.15
(3) パチンコ玉の体積	3.20	(6) 5円玉の周	3.19

一方，針をたくさん投げてみて，実際に平行線にかかったものの数をかぞえれば，p の近似値がわかるでしょう．

$$p \doteqdot \frac{\text{平行線にかかったものの数}\ n}{\text{針の総数}\ N}$$

そこで，上の式とあわせて，π を未知数として解けば，次の式が得られます．

$$\pi \doteqdot \frac{2lN}{dn}$$

これは“ビュッフォンの針”と呼ばれる，有名な実験です．

このほか，いろいろな実験をやってみましたが，くわしく書くまでもないでしょうから，その結果を章末に示しておきます．みなさんも，どれかひとつはやってみることを，おすすめします(なかなかうまくいかないものですよ！)．

必要な値は？

以上の実験からは，せいぜい小数点以下2桁しか，正しい値を出すことができませんでした．一方，私たちの日常生活では，その程度の値(たとえば3.16)でもさしつかえないでしょうが，工場や研究室では，もっと信頼できる値，正確な値が必要になります．

“信頼できる”というのは，こういう意味です．たとえば最初にやった，地面に円を描く実験から，3.16 という値が出ましたが，これは“たぶんそれぐらい”という結果なので，正しい値は，ひょっとしたら 3.10 ぐらいかもしれないし，3.21 ぐらいかもしれないのです —— この 3.16 から，たとえば“0.05 以上はズレていない”というような保証は，どこにもありません．ですから，3.16 という値は，（偶然？）かなり正確なのですが，正しい値がわからない人から見れば，あまり信頼できない値なのです．

一方，天体の測量に関係している人々は，角度の換算などに円周率 π の値をよく使います．そして，近ごろは測定の技術が進歩したために，8 桁とか 9 桁もの精密なデータがとれるのだそうです．そうなると，π の値も 10 桁ぐらいはわかっていないと，いくら精密なデータに基づいて計算しても，答が不正確になってしまいます．こういうわけで，π のもっと正確な，もっと信頼できる値が，どうしても必要なのです．

では，π の正しい値を求めるには，どのような方法があるのでしょうか？ —— それは，次の章から，少しずつお話ししましょう．

実験結果

(1)　地面に円を描いて：平均 **3.16**

(2)　自転車を押して：**3.11**

(3)　円を正方形にして：**3.14**

(4)　針金を糸巻に巻いて：**3.15**　外径 2.39 cm の糸巻に太さ 0.01 cm のニクロム線を 5 回巻いたところ，長さが 37.8 cm になった．ゆえに，

$$\pi \fallingdotseq \frac{37.8 \div 5}{(2.39+0.01)} = 3.15$$

(5)　5 円玉をころがして：**3.19**　直径 2.2 cm，5 回転して進んだ距離は平均 35.1 cm

(6)　重さから：**3.09**　直径 10 cm の円板の重さが 33.3 g，1 辺 10 cm の正方形板の重さが 43.05 g であった．そこで，

$$\pi = 4 \times \frac{33.3}{43.05} = 3.09$$

(7)　体積から：**3.20**　パチンコ玉の直径は 1.1 cm で，62 cc の水に 93 個を沈めたところ，全体が 128 cc になった．ここから，

$$1\text{ 個の玉の体積} = \frac{4}{3}\pi \times (0.55)^3 = \frac{128-62}{93} = \frac{66}{93}$$

したがって

$$\pi \fallingdotseq \frac{66}{93} \div (0.55)^3 \times \frac{3}{4} \fallingdotseq 3.199$$

(8)　ビュッフォンの針：**3.13**　100 本投げるのを 4 回

くり返したところ，平均32本が線にかかった．(針の長さ/線の間隔)＝(1/2)としておいたので，上の値が導かれる(32ページ参照)．

(9) 砂粒を投げて：**3.09** 762粒のうち，588粒が円内にはいった．

(10) 電子計算機に投げさせて：**3.1417** 1000万粒が正方形内にはいるように投げさせたところ，そのうち785万4250粒が円内にはいった．したがって

$$\pi \doteqdot \frac{7854250}{10000000} \times 4 = 3.1417$$

第3章

円周率を追って

危ない橋

これまでは，素朴な直観を重んじて，話を進めてきました．そこで，まず

円周と直径の比率は，一定である

ことはまちがいないとし，このことから，

円の面積は，半径の 2 乗に比例する

ことをみちびいたりしました．

しかし，私たちはかなり危ない橋をわたっていたのです．たいていの人が“なるほど”と思ったでしょうが，だからといって油断はできません．

直観だけにたよっていると，思わぬあやまちをしでかすこともありうるので，ここで，まちがった論法の実例を見ておくのも悪くないでしょう．

問題は，半径 r の球の表面積です．この球面を水平にまっぷたつに切って，それぞれを図 1(a)のように等分に切りはなしてみましょう．すると，切りかたが十分こまかければ，どの一片も二等辺三角形と考えることができます．そこで前にならって図 1(b)のようにつないでみると，次のような長方形(に近いもの)ができます．

AB ＝ 切り口の円(図 1(a)を見よ)の円周

$= 2\pi r$

AC ＝ 半球の頂点から切り口までの長さ

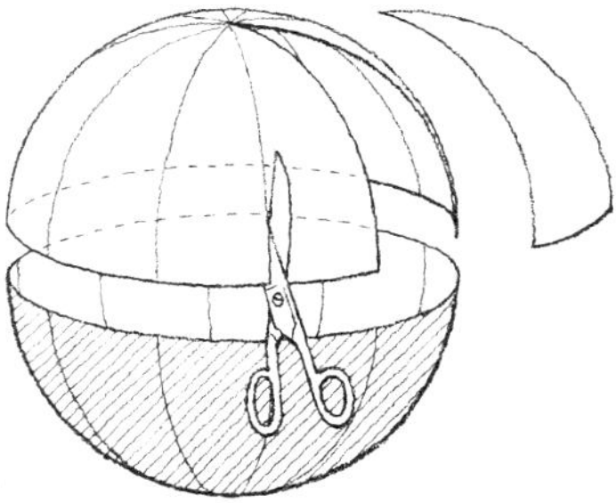
(a)

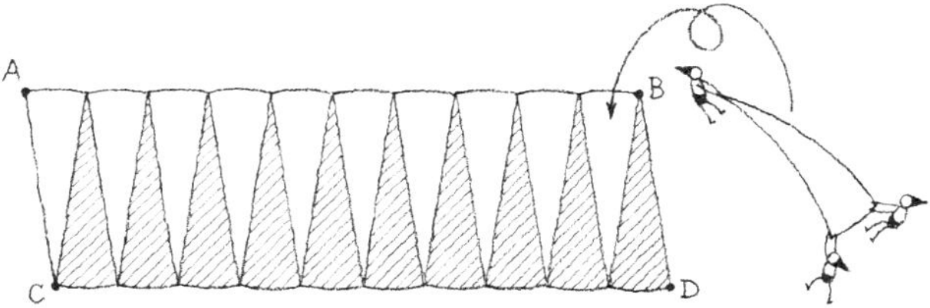

(b)

図1　球の表面積を求める　(a)のように切って，(b)のようにはり合わせる．実際には球の断片はふくらんでいるので，ぴったりとはつながらないが，そこをごまかしてつながるとすると，縦 $\pi r/2$，横 $2\pi r$ となり，その面積(？) $\pi^2 r^2$ が出てくる(次の章に正しい計算がある)．

$$= \frac{1}{4}(2\pi r)$$

切ってつなぎかえる操作で面積はかわりませんから

$$球の表面積\ S = \mathrm{AB} \times \mathrm{AC}$$
$$= \pi^2 r^2$$

これで表面積の公式が得られた —— といいたいところですが，

残念ながらこれはまちがいです．正しい式は，

$$S = 4\pi r^2$$

でした．

どこがまちがっているのでしょうか？　切りかたを細かくしていけば，どの一片も，しだいに二等辺三角形に似てくるのはたしかです．しかし，いくら似てくるといっても，ごくわずかの誤差はあるわけです ── 球の断片(ふくらんでいる)を，平べったいとして計算してしまうのですから，すこし小さめの値が出るはずです．おまけに，

全体の誤差($4\pi r^2$ と AB×AC との差)
＝(一片ごとの誤差)×(片の個数)

ですから，切りかたを細かくして，右辺の第１項を小さくしても，第２項が大きくなるので，全体の誤差がどうなるかは，何ともいえないのです．実際，さっきおかしな答が出てしまったのも，全体の誤差が小さくならないためでした．これは“塵(ちり)もつもれば山となる”のよい例です．

このようなことがありますから，証明には慎重でなければなりません．それでは，証明を論理的にきちんとやりなおすとして，どこからやりなおせばよいでしょうか？

円周と直径の比率は，一定である

あるいは

円の面積とその半径の２乗との比率は，一定である

ということは，正しいとみとめてよいのでしょうか？　次にその問題を考えてみましょう．

三角形の２辺の和は，他の１辺に等しい⁉

三角形の上半分を，図のように折り返して，三角波をだんだん細かくしてみよう．明らかに，折り返す操作で線の長さは変わらないから，

三角波の長さ ＝ BA＋AC

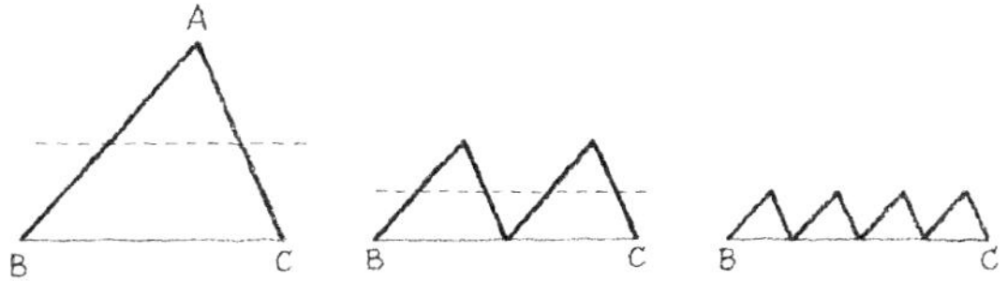

一方，折り返す操作をどんどん続けると，三角波は底辺BCにいくらでも近づく．したがって

BA＋AC ＝ 三角波の長さ ＝ BC

勝手な三角形の２辺の和は，他の１辺に等しい！　そんなはずはない．これもまた，“どの部分も近づく”ことと，“全体として近づく”こととを混同したために起こったまちがいである．

実際，ひとつの波(小三角形)ごとに，斜辺の和と底辺との差を考えると，それはしだいに小さくなる——１回折り返すごとに，その差は前の半分になる．しかし１回折り返せば，波の個数は前の倍になるので，全体としての差は全然変わらない！

ところで，半円を n 等分した場合(第１章の図５(a))には，ひとつの波(弧 $\overset{\frown}{\mathrm{AA'}}$)と，直線部分(線分 AA′)との長さの差は，だいたい $\pi^3 r/(24n^3)$ になる．それゆえ，AB

間の波全体の長さ $l/2$ と，AB 間の直線距離との差は，およそ $\left(\dfrac{\pi^3 r}{24n^3}\right)\times n=\dfrac{\pi^3 r}{24n^2}$ となり，n を大きくすれば，この差はいくらでも小さくなる．そんなわけで，ちゃんと正しい答が出たのであった．

円周率のない世界

まえに円周率を測定したときには，“いつでも同じ値が出る”というわけにはいきませんでした．それは，測定に誤差がつきまとうためと，円のゆがみや面の凹凸が，少々はさけられないからです．

円周率が正確に一定不変であることを示すには，凹凸のない理想的な平面上の，理想的な円を考えなければなりません──逆にいえば，理想的な平面を“考えられない”人には，“円周率は一定にならない”のです．よい例として，フランスの数学者ポアンカレ(1854–1912)が考えた“球面人間”の世界を考えてみましょう．

小さな星の表面をすべって動く，厚みのない(2 次元的)人間が，ぺったりとへばりついて暮らしているものとします(図 2)．この人たちにとって，見るものも聞くものも，食べるものも遊ぶものも，全部がその星の表面(球面)上にあるものにかぎられています．この仮想の人間が，高度の知能をもち，幾何学をつくりあげたとしたら，どんなことになるでしょうか？

その人間たちが，表面上の点 A から点 B まで(図 3(a))，

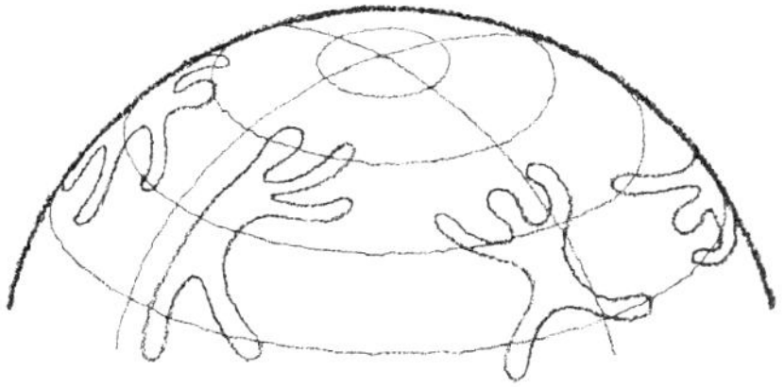

図 2　球面人間の世界　球面上にぴったりはりついて暮らしている，“無限に薄い”人間たち，この世界のサーカスには，猛獣使いはいても，空中ブランコはない．

最短の道すじで旅行しようとすると，なにしろ表面(球面)から離れられないのですから，ある円弧にそって進むことになるでしょう ── 地球上でも，航空路には似たところがあります．つまり，この人々にとっての距離とは，この円弧 $\widehat{\mathrm{AB}}$ の長さのことなのです．

さて，この人々の世界で，“円”すなわち“一定の点 O から，一定の距離 r にある点が形づくる図形”を考えてみましょう(距離はもちろん，この人々の流儀で測ります)．そして，距離 r を少しずつ大きくしてゆくと，周 l はだんだん大きくなりますが(図 3(b))，あるところ(大円)で最大になり，それ以上 r を大きくすると，l は逆に小さくなってしまいます！ですから，円周と直径との比が，直径の大きさによって変化して，一定にならないわけです．

このほかにも，球面人間のつくる幾何学には，いろいろ変わった性質があります．たとえば，最短距離で進む道を“直線”と呼ぶことにしますと，彼らにとっての“直線”は，われ

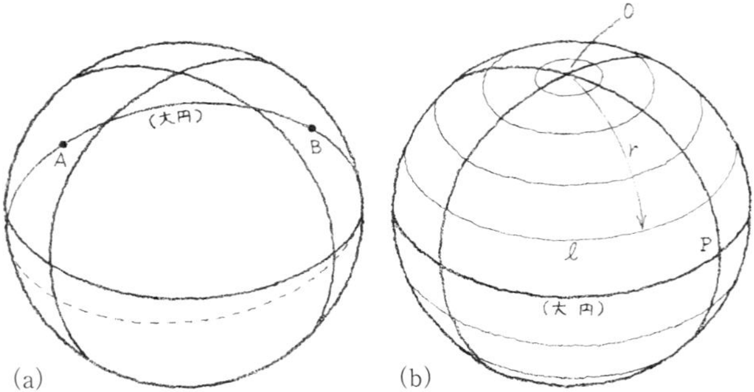

図 3　球面人間のつくる幾何学

(a)　AB 間の最短コースは，点 A，B と中心をふくむ平面で星を切った切り口 —— 大円 —— になる．

(b)　円周 l は，大円(O を北極とすれば，赤道)の周より長くはなれない．それゆえ，距離 r が弧 $\overset{\frown}{OP}$ より長くなると，l は減少しはじめる．

われから見れば，円(大円 —— 星の中心をふくむ面で切った，切り口)になります．ですから，彼らが“直線”上をどこまでも前進すると，またもとのところに戻ってしまいます．また，どんな“直線”(大円)もどこかで交わるので，“どこまで行っても交わらない，平行直線”などはありえません．

この世界は，いわゆる“非ユークリッド空間”の，もっとも簡単な実例なのです．

昔は，ユークリッドの幾何学だけが絶対に正しくて，それ以外の幾何学などはありえない，と考えられていました．そういう“あたりまえの考え”にとらわれずに，自由に新しいことを考えたのは，やはり何人かの天才でした．その最初はおそらく，ドイツの大数学者ガウス(C. F. Gauss, 1777–1855)で，彼は“私たちの住んでいる世界が，ほんとうにユークリッドの幾何学にあっているのか？”をたしかめようとしました．そのために，三つの山の頂点を結ぶ大きな三角形の，三つの角を測定して，その和がぴったり2直角になるかどうかを調べたということです．残念ながら，測定につきものの誤差のために，はっきりした結論をだすことはできませんでしたが，これはひじょうに鋭い着想といえるでしょう．実際，現在の物理学が教えるところでは，私たちの世界は“非ユークリッド”空間なのです！

ユークリッドの世界

理想的な円周率を考えるためには，理想的な平面を考えなければなりません．では“理想的な平面”とは何かというと，これはなかなか説明しにくいことです．

ただ“ひらたい”といっただけでは，説明にならないでしょう．球面人間は，理想的な球面を“ひらたい”と感じるでしょうし，われわれの平面は，彼らの想像を絶するものなのです(それは，4次元以上の空間が，われわれに想像しにくいのと同じようなものです)．ですから，理想的な平面がもっている基本的な性質をあげて，“平面とはこのようなものだ”というほかないでしょう．そういう基本性質のひとつが，有名な**平行線公理**です．

(A)　与えられた1点を通り，与えられた直線に平行な直線が，つねにただひとつ存在する．

ここで平行とは，同一平面上にあって，“全く一致する”か，あるいは“(いくらのばしても)決して交わらない”ことをいいます．これは，われわれの理想的平面と，球面人間の世界とを区別する，重要な性質です．また，次の性質も重要です．

(B)　与えられた2点を通る直線をひくことができる．その直線は，ただひとつしかない．

このような基本性質を整理して，理想的な平面や直線の特徴を明らかにしたのは，ギリシア人の功績です．その成果はユークリッドの『原論』(Elements)に集められていますが，そこには，上に示した幾何学的な性質だけでなく，図形の大きさについての次のような性質があげられています．

(C)　ぴったり重ねあわせることができるものは，たがいに等しい．

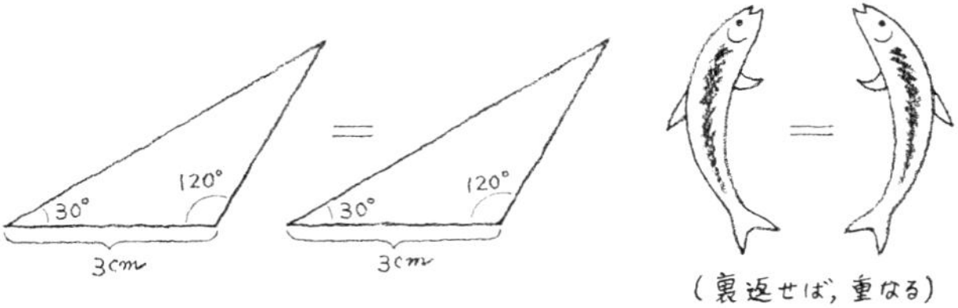

(D)　全体は部分よりも大きい．

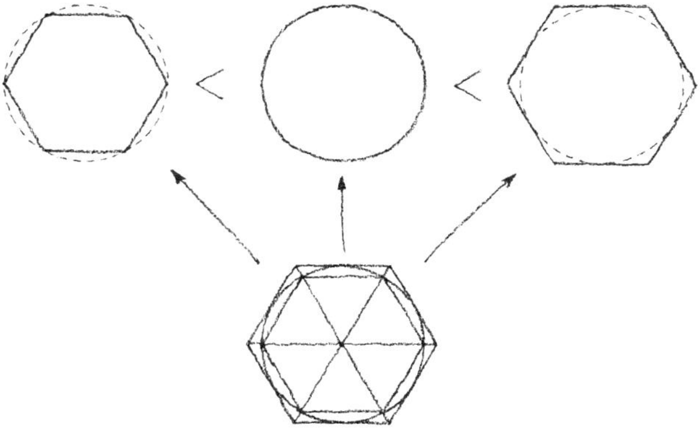

これらの基本性質から，次の性質(図4，5，6)がみちびかれます(どれも，球面人間の世界では“成りたたない”ので，平行線公理を使ってはじめて証明できることです)．

(E) 三角形の内角の和は，2直角である．

(F) 三角形の面積は，同じ底辺・同じ高さの長方形の面積の半分である．

(G) ある多角形の，各辺の長さを k 倍して，もとの多角形と相似な多角形をつくれば，新しい多角形の面積は，もとのものの k^2 倍になる．

次に，これらの性質(特に(D)，(G))を使って，円周率の問題に挑戦してみましょう．“ユークリッドの世界では，ほんとうに円周率が一定になるだろうか？” さしあたり，

円の面積と半径の2乗の比率は，一定である

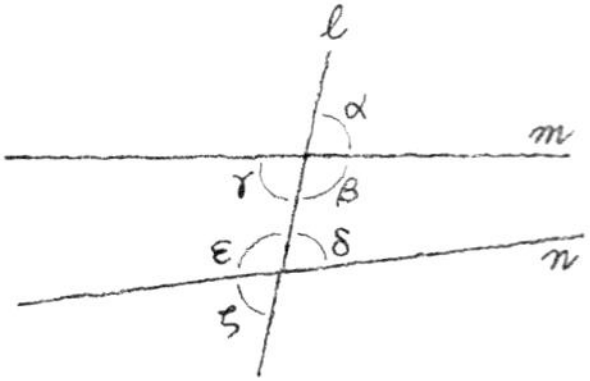

(a)　角の名称．対頂角…α と γ，δ と ζ など，向かいあっている角どうしを，対頂角という(これらは等しい)．l に対する m, n の錯角…γ と δ のように，2 直線の間にはさまれる"すじ向かい"の位置にある角．β と ε も錯角である．

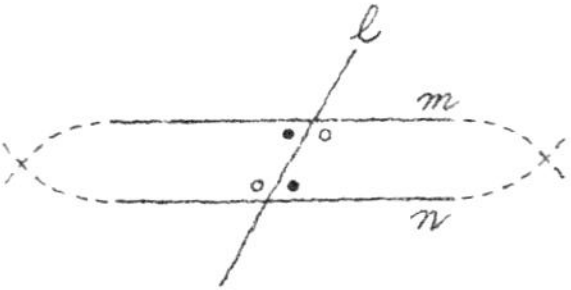

(b)　錯角が等しければ，平行である：実際，l に対する錯角が等しい 2 直線 m, n は，180° 回転して自分自身にぴったり重ねることができる．それゆえ，もしそれらが l のある側で交わるとすると，その反対側でも交わるはずであるが，それは性質(B)に反する．すなわち，m, n は平行でなければならない．

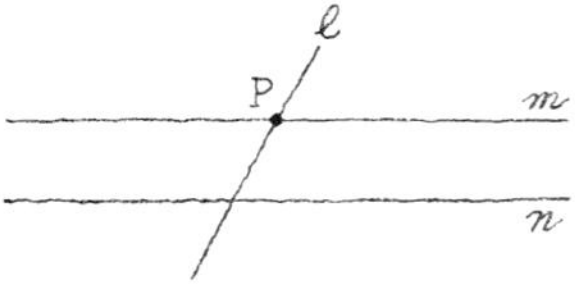

(c)　平行ならば，錯角が等しい：点 P から直線 m' をひいて，l に対する m', n の錯角が等しいようにすれば，(b)から，m', n は平行である．ところが m, n が平行ならば，性質(A)によって $m'=m$．すなわち，l に対する $m\,(=m'), n$ の錯角は等しい．

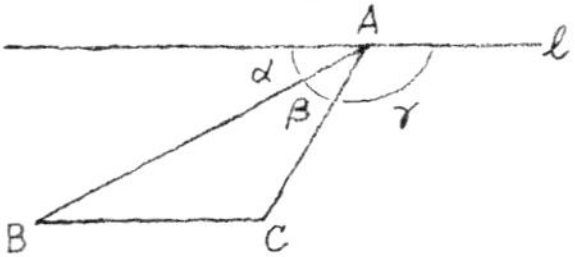

(d)　三角形の内角の和は，2 直角である：実際，どんな三角形 ABC についても，点 A を通り辺 BC に平行な直線 l を引けば，

$$\angle \mathrm{ABC}+\angle \mathrm{BAC}+\angle \mathrm{ACB} = \alpha(\text{錯角})+\beta+\gamma(\text{錯角}) = 2\text{ 直角}$$

図 4　平行線の性質と応用

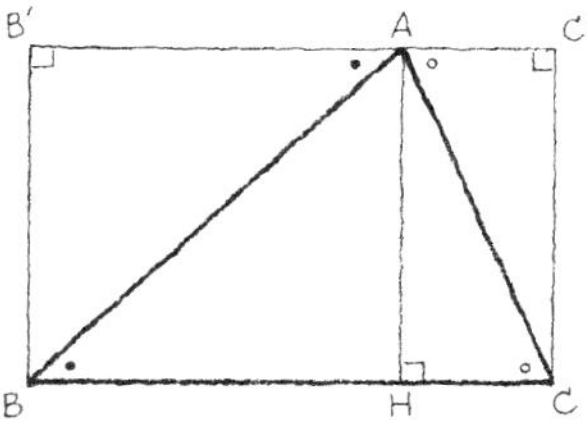

図 5　三角形の面積　三角形 ABC の面積は，同じ底辺，同じ高さの長方形 B′BCC′ の面積の半分である：A を通り BC に平行な線に，B，C から垂線をひく．また，A から BC に垂線をひく．すると，∠ABH＝∠BAB′ なので，△ABH と △BAB′ とは重なる．△ACH と △CAC′ も同様である．

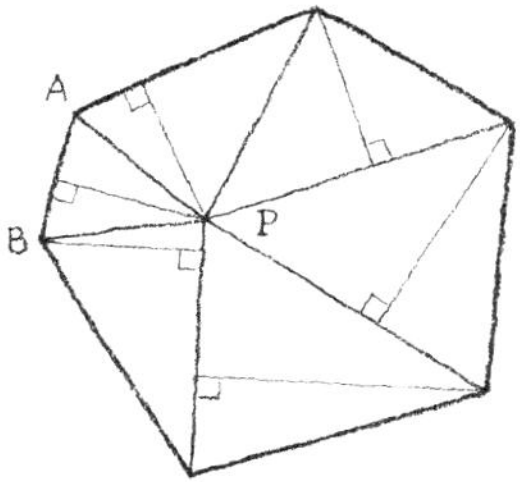

図 6　各辺が k 倍の相似多角形の面積　三角形の面積は，各辺(したがって，底辺と高さ)が 2 倍になれば 4 倍に，3 倍になれば 9 倍になる．一般に，各辺の長さが k 倍になれば，面積は k^2 倍になる．一般の相似多角形も，三角形に分割して考えれば，同じことがいえる．

ことをたしかめてみることにします．

まず，半径 1 の円と半径 r の円とを考え，それぞれの面積を s, S であらわすことにしましょう．

$$\frac{S}{r^2} = \text{一定}$$

であることがわかれば，めでたしめでたしです．そのために，それぞれの円に，図 7 のように，内接・外接する相似な正多角形イ，ロ，ハ，ニを考えてみます(辺の数は，いくつであってもかまいません)．

この図をながめるだけで，ずいぶんいろいろなことがわか

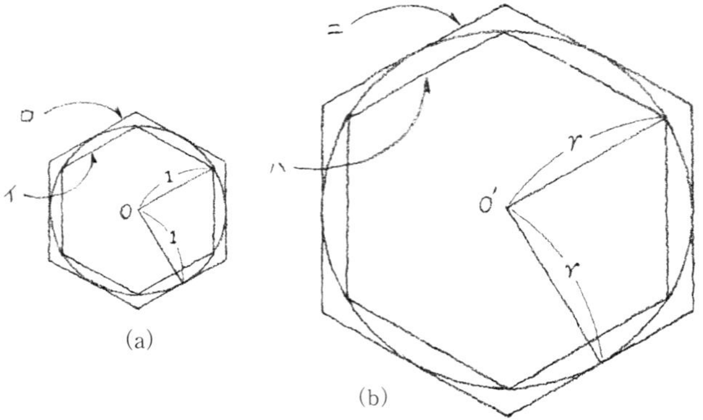

図 7　円の半径を r 倍すると？　(a)は，半径 1 の円に内接する正多角形イと外接する正多角形ロを示し，(b)は，半径 r の円に内接する正多角形ハと外接する正多角形ニを示す．正多角形イ，ロ，ハ，ニは全部相似であるとする(同じ辺数の正多角形を考えればよい)．

ります．まず性質(D)──“全体は部分より大きい”から，

$$イの面積\ s' < s < ロの面積\ s''$$

$$ハの面積\ S' < S < ニの面積\ S''$$

また，多角形イ，ハは相似で，イの各辺の長さを r 倍すればハになるのですから，性質(G)から

$$S' = r^2 s'$$

です．多角形ロ，ニについても同じことがいえるので，

$$S'' = r^2 s''$$

これらを上の第二の不等式に代入すれば，

$$r^2 s' < S < r^2 s''$$

となります．一方，$r^2>0$ ですから，上の第一の不等式の各辺を r^2 倍して，

$$r^2s' < r^2s < r^2s''$$

が得られます．そこで，前の結果とまとめて書けば，

$$r^2s' < \quad S \text{ および } r^2s \quad < r^2s''$$

となります．

これは重要な式です．なぜなら，S と r^2s との差が，r^2s'' と r^2s' との差よりも小さいことを意味しているからで，いいかえれば，

$$|S-r^2s| < r^2(s''-s')$$

となります．ここで，正多角形の辺の数をうんとふやしたらどうなるか，考えてみてください．左辺は(r さえ動かさなければ)一定で，右辺はいくらでも小さくなるでしょう(次ページの表を見てください)．左辺は一定で，右辺はいくらでも小さくなる —— これは一体，何を意味するのでしょうか？

$$S-r^2s = 0$$

以外ありえません．そのとおりです．実際，もし左辺が0にならないとしたら，辺の数をうんとふやして，前の式の右辺 $(s''-s')$ の値を十分小さくしてやると，不等式が成りたたなくなってしまいます．こうして，

$$S = r^2s$$

が得られました．見方をかえれば，

$$\pi = \frac{S}{r^2} = s\text{(半径1の円の面積)}\cdots\cdots\text{一定！}$$

半径1の円に外(内)接する正多角形の面積とそれらの差

辺の数	外接正多角形の面積 s''	内接正多角形の面積 s'	差 $(s''-s')$
3	5.1962	1.2990	3.8972
4	4	2	2
6	3.4641	2.5981	0.8660
8	3.3137	2.8284	0.4853
16	3.1826	3.0615	0.1211
50	3.1457	3.1333	0.0124
100	3.1426	3.1395	0.0031
500	3.141634	3.141510	0.000124
1000	3.141603	3.141572	0.000031
5000	3.141593	3.141592	0.000001
10000	3.1415927	3.1415924	0.0000003

このように，辺の数がふえるにつれて，正多角形の面積は円の面積 (π) に近づき，また，それらの差 $(s''-s')$ はいくらでも小さくなる．当然，r を一定とすれば，$r^2(s''-s')$ の値もいくらでも小さくなる．たとえば $r=10$ のとき，辺の数を 1,000,000 にすると次のようになる．

$$r^2(s''-s') < 0.00000000003$$

これでようやく，(S と r^2 との比率としての)円周率が一定になることがたしかめられました．これはユークリッドの『原論』の，すぐれた結果のひとつです．

円周と直径との比率が一定になることは，前に証明した次の関係

$$\text{円の面積}\ S = (\text{円周の半分}) \times (\text{半径})$$

から導くことができます．実際，

$$\frac{\text{円周}\ l}{\text{直径}\ 2r} = \frac{\dfrac{l}{2}}{r} = \frac{\left(\dfrac{l}{2} \times r\right) \div r}{r}$$

$$= \frac{S \div r}{r} = \frac{S}{r^2} = \text{一定}$$

また，次の性質を使えば，直接証明することもできます．

(H) 図 7 において，イ，ロの周を l', l'' とし，中の円周を l とすれば，

$$l' < l < l''$$

しかしこの性質の証明は，三角関数の知識がいるので，省略します．

アルキメデスの考え

前節で使った不等式

$$s' < s < s''$$

は，円周率 π の値を計算するためにも使うことができます．実際，

$$s = \text{半径 1 の円の面積}$$
$$= \pi \cdot (1)^2 = \pi$$

ですから，

$$s' < \pi < s''$$

なのです．そこで，多角形として特に正 6 角形をとってみますと，

$$s' = 2.598\cdots$$

$$s'' = 3.464\cdots$$

となるので，

$$2.598\cdots < \pi < 3.464\cdots$$

がわかります．

周の間の不等式(H)，すなわち

$$l' < l < l''$$

を使いますと，もう少しよい結果が出ます．

$$l = \text{半径 1 の円の周の長さ} = 2\pi$$

そこで前と同じ正 6 角形の場合を考えると

$$l' = 6$$

$$l'' = 4\sqrt{3} = 6.928\cdots$$

となります．したがって，

$$3 < \pi < 3.464\cdots$$

これで，π の最初の桁

$$\pi = 3.\square\square\square\cdots$$

が確定したわけです．

辺の数をふやせば，もっと正確な値が出ます．それをはじめてやってみせたのは，古代世界の最大の数学者，アルキメデス(B.C. 287?–212)です．次に，彼が円周率を計算した方法を，こまかい点は省いて，あらすじだけ述べてみましょう．

問題は，l' と l'' の計算です．アルキメデスのアイデアは，計算しやすい簡単な多角形から出発して，“辺の数をつぎつぎと 2 倍してゆく” ことでした．実際，内接(外接)正○○角形の周がわかれば，その値から，内接(外接)正 “2 倍の○○”

角形の周も，わりあい簡単に計算できるのです．そこで，彼は正 6 角形から出発して，正 12 角形，正 24 角形等々の周をつぎつぎと概算して，さいごに(内・外接)正 96 角形の周の近似値を求め，次の不等式を得ました．

$$3\frac{10}{71} < \pi < 3\frac{1}{7}$$

十進小数になおせば，次のとおりです．

$$3.1408\cdots < \pi < 3.1428\cdots$$

これで，今でも使われているおなじみの値

$$\pi \doteqdot 3.14$$

がたしかめられたわけです(今から 2000 年以上も前の話です！)．

アルキメデスは，同じような方法で，いろいろな図形の面積や体積を計算しました．なかでも有名なのは，次の定理です．

球に外接する円柱の体積は，球の体積の $\frac{3}{2}$ 倍であり，またその表面積も，球の表面積の $\frac{3}{2}$ 倍である．

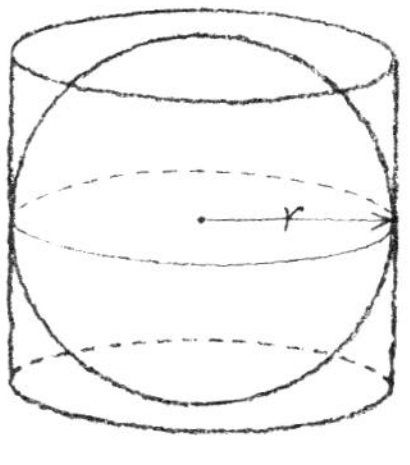

球の半径を r とすれば，外接円柱の体積と表面積は簡単に求まります．

$$\begin{aligned}\text{外接円柱の体積} &= \text{底面積}\times\text{高さ}\\ &= \pi r^2\times 2r = 2\pi r^3\\ \text{外接円柱の表面積} &= (2\times\text{底面積})+\text{側面積}\\ &= 2\pi r^2+(2\pi r\times 2r) = 6\pi r^2\end{aligned}$$

アルキメデスとシラクサ攻防戦

アルキメデスは，シシリー島のシラクサに生まれた，家柄のよいギリシア人である(当時シラクサは，ギリシアの植民地であった)．彼は生涯の大部分を故郷のシシリー島で過ごしたが，若いころには，エジプトのアレキサンドリアに行って，ユークリッドの直弟子たちから数学を学んだことがあった．そのころの発明といわれる“らせん式揚水器”は，2000 年後の今でも，エジプトで灌漑用に使われている．

シラクサの王ヒエロン2世は，彼とは親しい間柄であった．そのため，マルケルス将軍がひきいるローマ軍がシラクサをとり囲んだときには，彼は自分で発明した新兵器を使って奮戦し，シラクサを3年間もちこたえさせた．なかでもローマ軍を手こずらせたのは，各種の石投げ器と，起重機のような機械だったらしい．

「アルキメデスはさまざまな機械を引きだして，敵の歩兵にはあらゆる種類の投石機と，とほうもなく大きな石の塊をもって対し，……軍艦に対しては城壁の上から突然角のような機械でもちあげられて，上からかかってくる重みのために海底に沈没する船もあれば，鉄でできた腕や鶴のくちばしに似たもので船首をまっさきにつり上げられ船尾が水にひたる船もあった．」(『プルターク英雄伝』(四)，河野与一訳，岩波文庫，160ページ)

ローマ軍も，城をせめるための自慢の機械を何台かもっていた．しかし，それらが城壁に向かって運ばれて，まだ十分近づかないうちに，飛んできた巨大な石のために台をこわされたり，甲板から海にたたきおとされて，使えなくなってしまった．困ったローマ軍は，“夜城壁に近づけば，石は頭の上を飛びこしてしまうだろう”と考えて，夜襲をかけてみたが，「アルキメデスはおそらくずっと前からそれに対する準備をして，あらゆる距離に応ずる機械の運転と短距離の飛道具を工夫し」ていたので，ローマ軍は「またまた多くの石や矢にあたり，石はほとんど垂直に頭の上から降ってくるし，矢は城壁のいたるところから飛んでくるので退却した．」(前同)

マルケルス将軍は，兵士たちがすっかりおじけづいてしまったために，戦闘をやめて遠くから城を囲むだけにした．そしてわずかな隙をねらって城内に兵士をしのびこませ，その手引きで城壁を破ることができた．こうしてシラクサは陥落し，焼き討ちと略奪が行なわれた．アルキメデスも，自分の家で研究に熱中しているところをローマ兵にふみこまれ，一説によれば“その問題が解けないうちは動こうとしなかったために”殺されてしまった．マルケルス将軍はこの悲運に心をいため，家族をさがしだして大切にあつかったという．

アルキメデスには天才らしい伝説が多いが，なかでも金の王冠の話は有名であろう．金にまぜものがしてないか“王冠をこわさずに調べてくれ”とたのまれた彼は，公衆浴場で名案を思いつき，はだかで外にとびだして“わかった，わかった”と叫びながら，走って家に帰ったという．

ここから，次の公式が導かれるわけです．

$$
\begin{aligned}
\text{球の体積} &= 2\pi r^3 \times \frac{2}{3} \\
&= \frac{4}{3}\pi r^3 \\
\text{球の表面積} &= 6\pi r^2 \times \frac{2}{3} \\
&= 4\pi r^2
\end{aligned}
$$

アルキメデスは友人に，この定理を自分の墓にきざんでくれとたのんだといいますから，これを発見したときはよほどうれしかったのでしょう．ローマの文人・政治家キケロ(B.

C. 106–43)が後年シシリー島の総督になったとき，見すてられていたこの墓をみつけて復旧したといわれますが，いまではそれも失われ，その場所さえわからなくなりました．

長さの計算の名人たち

アルキメデスの方法によれば，さらに円周率のくわしい値を求めることも，根気さえあればできます．実際，同じ方法で，多くの学者が円周率の値を計算していますから，代表的な例を下の表にまとめておきました．

日本では，関孝和(せきたかかず)(1642?–1708)が早く，内接正 4 角形から出発して，倍々の計算を 15 回くり返し，ついに

多角形を使って π を計算した人とその結果

人　名	多角形の最大辺数	結　果
アルキメデス(B.C. 287?–212)	96	$3\frac{10}{71} < \pi < 3\frac{1}{7}$ つまり $\pi \fallingdotseq 3.14$
劉徽(3 世紀(晋))	1536	$\pi \fallingdotseq 3.1416$
祖沖之(429–500)	?	$3.1415926 < \pi < 3.1415927$
アリヤバッタ(476?–550?)	384?	$\pi \fallingdotseq 3.14156$
ブラーマグプタ(598–660)	96?	$\pi \fallingdotseq \sqrt{10} = 3.16\cdots$
フィボナッチ(1180?–1250)	96	$\pi \fallingdotseq 3.1418\cdots$
ヴィエト(1540–1603)	6×2^{16}	小数点以下 9 桁
アドリエン(1561–1615)	2^{30}	同　15 桁
ルドルフ(1539–1610)	60×2^{29}	同　20 桁
同	2^{62}	同　35 桁
関孝和(1642?–1708)	2^{17}	同　10 桁
鎌田俊清(1678–1747)	2^{44}	同　25 桁

正 131,072 角形

の周の長さまで求めました．このさいごの内接多角形の周は，およそ

3.14159 26532 88992 7759 弱

だそうです．関孝和は，この値と，それまでの周の長さのふえかたとにもとづいて，直径 1 尺(約 30 cm)の円の周を，次のように推定しています．

3 尺(しゃく) 1 寸(すん) 4 分(ぶ) 1 厘(りん) 5 毛(もう) 9 糸(し) 2 忽(こつ) 6 微(び) 5 繊(せん) 3 沙(しゃ) 5 塵(じん) 9 埃(あい) 微弱(びじゃく)

末尾の“微弱”は，(3.14…59 に)“微かに足りない”という意味で，プラス・アルファではありません．正しい値(第 1 章の章末のコラム)とくらべてみますと，たしかによく合っています．

この方法を極端におしすすめたのは，オランダの数学者ルドルフ(Ludolph van Ceulen, 1540–1610)です．ルドルフはライデン大学の教授でしたが，どういうわけか円周率の計算に異常な情熱をかたむけ，57 歳までに正 60×2^{29} 角形の周を計算して，π の値を 20 桁求めました(1596)．その後も死ぬまで計算を続けたとみえ，彼の没後，32 桁までの値が妻の手で出版され(1615)，またその後の報告では，さらに 3 桁がつけ加えられました(1621)．こんなに精密な値を求めるために，彼は正 2^{62} 角形(すなわち正 4,611,686,018,427,387,904 角形)の周の長さまで計算したそうです！　これは当時，たいへん評判になったらしく，ドイツ語では円周率のことをルドルフの数(die Ludolphsche Zahl)と言うこともあったくらいです．

このような計算にあらわれる，辺の数を“倍々にふやしてゆく”理想的には無限の過程をよく観察して，π をあらわす公式を発見したのは，中世フランスの大数学者ヴィエト(F. Viète, 1540–1603)でした —— アルキメデス以来，実に 1700 年以上も後のことです．

ヴィエトは，半径 1 の円に内接する，

正 4 角形，正 8 角形，正 16 角形，正 32 角形，…

を考え，それぞれの周の長さを

$$x_0, \qquad x_1, \qquad x_2, \qquad x_3, \quad \cdots$$

とおいて，それらの値の関係を調べました．そして，

$$y_0 = \frac{1}{x_0}, \quad y_1 = \frac{x_0}{x_1}, \quad y_2 = \frac{x_1}{x_2}, \quad y_3 = \frac{x_2}{x_3}, \quad \cdots$$

とおいてみると，次の式が成りたつことに気づいたのです．

$$y_0 = \frac{1}{4}\sqrt{\frac{1}{2}}$$

$$y_1 = \sqrt{\frac{1}{2}+\frac{1}{2}\sqrt{\frac{1}{2}}}$$

$$y_2 = \sqrt{\frac{1}{2}+\frac{1}{2}y_1}$$

$$y_3 = \sqrt{\frac{1}{2}+\frac{1}{2}y_2}$$

$$\cdots$$

一般に，$n \geqq 2$ なら，

$$y_n = \sqrt{\frac{1}{2}+\frac{1}{2}y_{n-1}} \tag{1}$$

ところで，y_n の値のきめ方から，

$$y_0\times y_1\times y_2\times\cdots\times y_n=\frac{1}{x_0}\times\frac{x_0}{x_1}\times\frac{x_1}{x_2}\times\cdots\times\frac{x_{n-1}}{x_n}=\frac{1}{x_n}$$

です．x_n の値は，n をどんどん大きくしてゆけば，円周 2π にいくらでも近づくはずですから，左辺の計算を理想的に無限に続けたとすれば，

$$y_0\times y_1\times y_2\times\cdots=\frac{1}{2\pi}$$

となると考えられます．そこで，この式の両辺を 4 倍して前の式を使うと，

$$\frac{2}{\pi}=\sqrt{\frac{1}{2}}\times\sqrt{\frac{1}{2}+\frac{1}{2}\sqrt{\frac{1}{2}}}\times\sqrt{\frac{1}{2}+\frac{1}{2}y_1}\times\sqrt{\frac{1}{2}+\frac{1}{2}y_2}\times\cdots$$

さらに，式(1)をくり返し使って，y_n の値を具体的に書きあらわせば，

$$\frac{2}{\pi}=\sqrt{\frac{1}{2}}\times\sqrt{\frac{1}{2}+\frac{1}{2}\sqrt{\frac{1}{2}}}\times\sqrt{\frac{1}{2}+\frac{1}{2}\sqrt{\frac{1}{2}+\frac{1}{2}\sqrt{\frac{1}{2}}}}\times$$
$$\times\sqrt{\frac{1}{2}+\frac{1}{2}\sqrt{\frac{1}{2}+\frac{1}{2}\sqrt{\frac{1}{2}+\frac{1}{2}\sqrt{\frac{1}{2}}}}}\times\cdots$$

これがヴィエトの公式で，図形的な方法ではじめて，円周率 π の値を正確に表現したものです(1593)．ためしに少し計算してみましたら，次のような値が出ました．

$$\sqrt{\frac{1}{2}}=0.7071067$$

$$y_1=0.9238794$$

$$y_2 = 0.9807852$$
$$y_3 = 0.9951847$$
$$y_4 = 0.9987954$$

ゆえに，

$$\pi \fallingdotseq \frac{2}{\sqrt{\frac{1}{2}\cdot y_1 \cdot y_2 \cdot y_3 \cdot y_4}} = 3.1403\cdots$$

となります．

円周率おぼえ歌

ここで息ぬきに，円周率のおぼえ歌をいくつか紹介します．平方根のおぼえ歌なら，知っている人も多いと思います．

$$\sqrt{2} = 1.41421356\cdots$$
（一夜一夜に人見ごろ）

$$\sqrt{3} = 1.7320508\cdots$$
（人並におごれや）

$$\sqrt{5} = 2.2360679\cdots$$
（富士山ろくオウム鳴く）

$$\sqrt{6} = 2.449489\cdots$$
（似よ良く良く）

$$\sqrt{7} = 2.64575\cdots$$
（(菜)に虫いない）

$$\sqrt{8} = 2.8284\cdots$$
（ニヤニヤよ）

$$\sqrt{10} = 3.1622\cdots$$

((ひと丸(まる)は，)三色(みいろ)に並(なら)ぶ)

円周率についても，同じようなおぼえ歌があります．

$$\pi = 3.14159265\cdots$$

(産医師異国(さんいしいこく)に向(む)こう)

これで小数点以下8桁です．もっと長いのもあります．

(1) 身ひとつ世ひとつ生くるに無意味，いわく泣く身ふみや読む．

(2) 産医師異国に向こう．産後厄なく産婦みやしろに虫さんざん闇に鳴く．

(3) 産医師異国に向こう．産後薬なく産に産婆四郎二郎死産．産婆さんに泣く，ご礼には早よいくな．

(一松信『数のエッセイ』中央公論社(1972)，p. 109)

このようなおぼえ歌は，外国にもあって，たとえば，

Yes, I have a number.

単語の字数をかぞえてみると，

3. 1 4 1 6

になっています(5桁めで4捨5入した値)．

ほかにもいろいろありますが，たとえば次のように愉快なのがあります．(中野茂男『現代数学への道』新曜社(1973)，P. 19. 下の訳は私が勝手につけたものです．)

How I want a drink, alcoholic of course, after the heavy lectures involving quantum mechanics.

(ちょいと一ぱいやりたいよ，もちろんアルコール入

π=3.1415926535897932384626433832795028841971693993751058209749445923078164062862089986280348253421170679821480865132823066470938446095505822317253594081284811174502841027019385211055596446229489549303819644288109756659334461284756482337867831652712019091456485669234603486104543266482133936072602491412737245870066063155881748815209209628292540917153643678925903600113305305488204665213841469519415116094330572703657595919530921861173819326117931051185480744623799627495673518857527248912279381830119491298336733624406566430860213949463952247371907021798609437027705392171762931767523846748184676694051320005681271452635608277857713427577896091736371787214684409012249534301465495853710507922796892589235420199561121290219608640344181598136297747713099605187072113499999983729780499510597317328160963185......

πの800桁までの値

りのやつ，量子力学まであらわれる，あのひどい講義のあとではねえ.)

次のドイツ語の詩も，傑作でしょう.

Wie, O dies π
Macht ernstlich so vielen viele Müh'!
Lernt immerhin, Jünglinge, leichte Verselein,
Wie so zum Beispiel dies dürfte zu merken sein!
(なんとまあこの π は,
よくもたくさんの人々にたいへんな苦労をかけたことか！
何はともあれ，若者たちよ，やさしい小詩を習いなさい,
たとえばこの詩が，どれほど覚えられるべきことか！)

この詩を覚えておけば，π の値が 23 桁までわかるわけです！

有名なのをもう二つ，引用しておきましょう.

Que j'aime à faire apprendre un nombre utile aux sages!
Immortel Archimède, artiste ingénieur,
Qui de ton jugement peut priser la valeur?
Pour moi, ton problème eut de pareils avantages.
(賢者たちに，ある役に立つ数を教えてやりたいものだ！

不滅のアルキメデス，偉大な技術者よ，
お前の判断の価値を，だれが評価しえようか？
私にとって，お前の問題は，それほどすぐれたものなのだ．）

Sir, I send a rhyme excelling
In sacred truth and rigid spelling.
Numerical spirits elucidate,
For me, the lesson's dull weight.
If Nature gain,
Not you complain,
Tho' Dr. Johnson fulminate.
（君よ，私はすぐれた詩を送る，
神聖なる真理と厳格な綴字において．
数の霊が私のために，
この課業の退屈な重荷を説き明かす．
もし自然が勝つなら，
たとえジョンスン博士がどなっても，
君は不平を言うな．）

（吉岡修一郎『数学千一夜』青年書房(1941)，P. 147；学生社(1959)，P. 107）

［補足］ 英語では，桁数字を「単語の字数(0 は 10 文字)で表す」という方式で，740 桁を表す詩と 3835 桁を表す短編があるそうです(作者はどちらも Mike Keith，出典は http://

www. sciencenewsforkids. org/pages/puzzlezone/muse/muse1004.asp(2010 年 11 月 7 日)).

第4章

新しい波

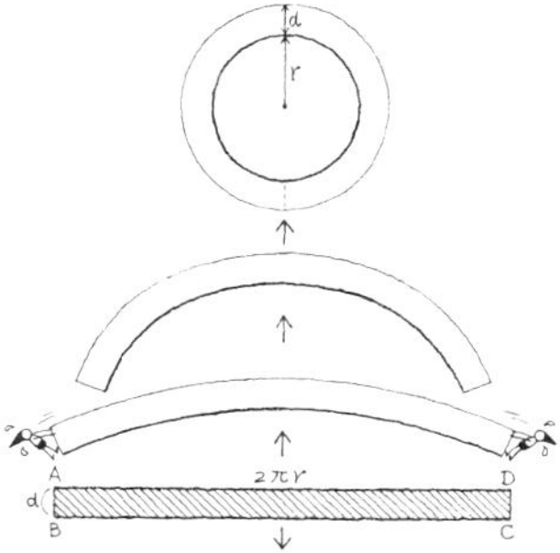

ヴィエトの時代

ヴィエト(1540–1603)が活躍したのは，ルネッサンスの末期です．日本では豊臣秀吉(1536–98)が出て，戦国時代を終わらせ，安土桃山文化を育成したころです．巨匠レオナルド・ダ・ヴィンチはとうに亡く，ミケランジェロも，ヴィエトが24歳のときに亡くなりました．ちょうど同じ年(1564)に，“さいごのルネッサンス人”といわれるガリレオが生まれています．

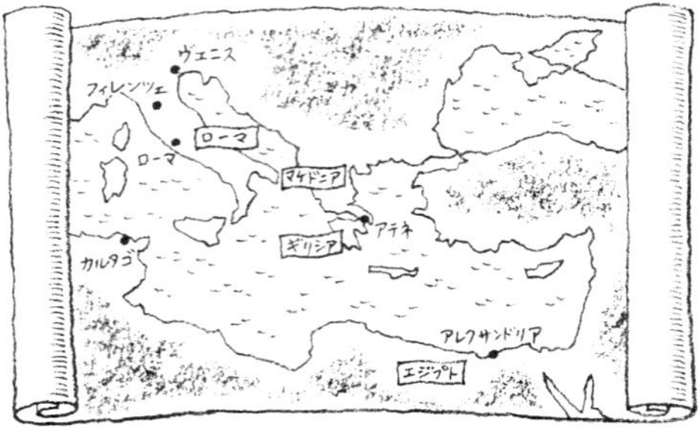

そのころ栄えたのは，ポルトガル，スペイン，それから(おもに17世紀の前半)オランダなど，東洋や南北アメリカにぼう大な植民地をつくり上げた国々でした．かつて文化の中心であったヴェニスやフィレンツェでは，君主たちはあいかわらず文化を奨励し，名声の維持につとめていましたが，国全体の力は衰える一方で，フランスやスペインにくり返し

侵略されるようになっていたのでした.

こうして世界の歴史が新しい大きな流れにはいっていく折も折，科学史の方面でも，まったく新しい波——怒濤といってよいような力強い波——がおしよせてきました．それは私たちの円周率の歴史にも，大きな影響をあたえたものでしたから，つぎに，その波のエネルギー源をさぐってみることにしましょう.

座標の考え

新しい時代の先頭を切ったのは，なんといってもデカルト(Descartes, 1596–1650)でしょう．彼はフランスの地方の良家に生まれた，哲学者・科学者ですが，“絶対に疑う余地のない，明らかな第一原理”から出発して，論理的に科学を作りだすことを説き，ヨーロッパの合理主義の基礎をきずきま

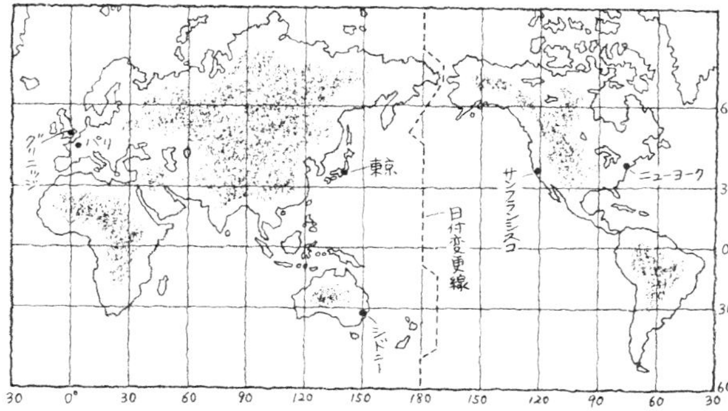

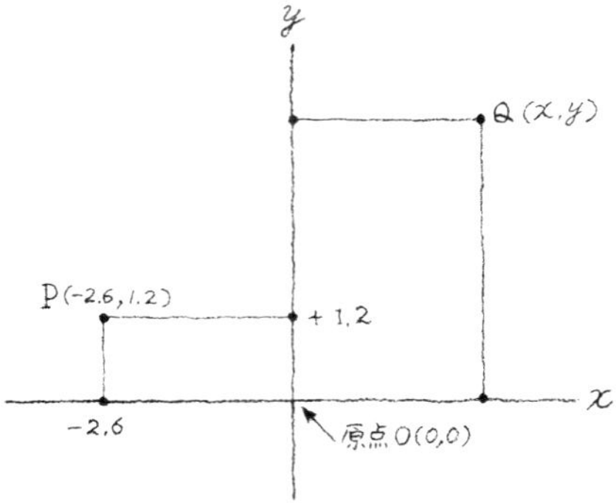

図1　デカルトの座標の考え　点P（−2.6, 1.2）の位置を示す．デカルトは，窓枠の上下を動いているハエを見て，座標の考えを思いついたといわれる．

した．

数学における，デカルトの最大の功績は，座標(図1)の考えによって，幾何学と代数学とを結びつけたことでしょう．座標というのは，点を数(の組)によってあらわすひとつの手段ですが，たとえば世界地図の緯度・経度の考えとくらべると，わかりやすいのではないかと思います．

地図の上では，都市の位置をあらわすのに，北緯35度・東経140度というようないいかたをします．経というのは，イギリスのグリニッジ天文台の位置を基準にして，そこから東(あるいは西)にどれだけずれているかを(角度で)あらわし，緯というのは，赤道を基準にして，そこから北(あるいは南)にどれだけずれているかをあらわしています．そういう約束さえ知っていれば，北緯35度・東経134度の地点を地図の上でみつけることもできますし，たとえば“ニューヨーク市の位置は”ときかれても，（世界地図などでは，線があらいので正確にはいえませんが）だいたい，“北緯41度・西経74度”と数字で答えることができます．

座標の考えも，これと同じです．まず基準になる直線を2本えらび（ふつう直交するものをえらびます），また，プラス・マイナスの向きと尺度をきめておきます（図1）．このような基準線を，**座標軸**といい，区別するために名前をつけて，x軸，y軸などといいます．これらの直線（軸）の交点が基準点で，**原点**と呼ばれます．すると，たとえば点Pの位置が，原点からみて

x軸方向にマイナス2.6，y軸方向にプラス1.2

だけズレている，などということができます．これらの数値をまとめて

$$(-2.6,\ 1.2)$$

と書き，点Pの**座標**というのです．このようにして，x, y軸をふくむ平面の上のどんな点でも，その位置を二つの数値の組(x, y)であらわすことができます．とくに，原点の座標は$(0, 0)$です．

つぎに，座標の考えによって，“曲線が式であらわされる”ということを説明しておきましょう．曲線は，ある条件をみたす点のあつまりと考えることができます．そこでその条件を，座標の言葉で書いてしまおう，というわけです．たとえ

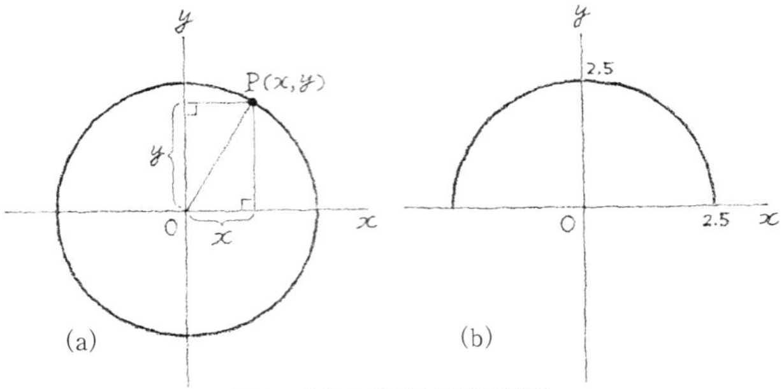

図 2　曲線を座標の言葉で書く

(a)　円の方程式 $x^2+y^2=(2.5)^2$　　(b)　$y=\sqrt{(2.5)^2-x^2}$ のグラフ

ば半径 2.5 の円については，図 2(a)のように，円の中心を通る x 軸，y 軸を考えるとよいでしょう(中心 O が原点になります)．そして周上の点 P の座標を (x, y) であらわすことにしますと，

中心から点 P までの距離が，半径 2.5 に等しい

という条件は，ピタゴラスの定理によって

$$x^2+y^2 = (2.5)^2 \qquad (1)$$

といいかえられます．これは円周上の点(の座標)がみたすべき条件式ですから，円の**方程式**と呼ばれます．

円の方程式(1)を変形して，

$$y = \pm\sqrt{(2.5)^2-x^2}$$

という式を作ってみましょう．この右辺から符号(−)を落としたもの

$$y = \sqrt{(2.5)^2-x^2} \qquad (2)$$

は，もはや円の方程式とはいえません．それでも，この方程式に対応する曲線(その座標が，式(2)をみたすような点のあつまり)を考えることはできます．図2(b)の半円がそれです――(2)は，この半円をあらわす方程式です．

このように，曲線から方程式へ，また方程式から曲線へと，自由にうつりかわる道をつけたデカルトは，大いに満足して，友人に次のように書き送ったということです．「これで，幾何学において発見すべきことは，ほとんど残らないでしょう．」これはどうも自慢のしすぎだったようですが，彼の座標の方法は，意外なところ――物理学・解析学の方面――で偉力を発揮したのでした．

曲線図形の面積

デカルトとだいたい同じ時代に活躍した，もうひとりの重要人物はケプラー(J. Kepler, 1571–1630)です．彼は20年あまりにわたる天体観測の資料から，次の法則を発見しました．

第1法則：(地球など)惑星はすべて長円(だ円)軌道をえがき，太陽はそのひとつの焦点にある．

第2法則：惑星の軌道半径が，一定時間内に通過する扇形(図3)の面積は一定である．

第3法則：各惑星について，軌道の平均半径 R の2乗と，公転周期 T の3乗の比は一定である．

$$\frac{T^3}{R^2} = \text{一定}$$

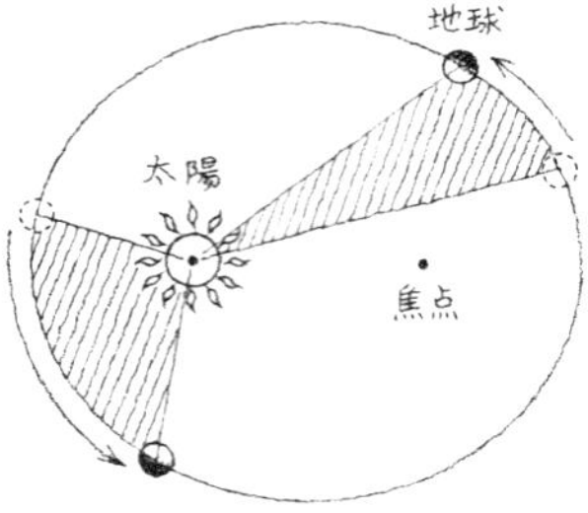

図 3　惑星の軌道　太陽は長円の焦点にあり，惑星の軌道半径が，一定時間内に通過する扇形の面積は一定である．

ここで，第 2 法則の中に“扇形の面積”という言葉が使われていることに注意してください．ケプラーは，こういう曲線図形の面積を求める技術を身につけていたのです(たくさんの結果が，彼の著書『酒樽の幾何学』に述べられています)．

このような曲線図形の面積を求めるひとつの方法は，むかしアルキメデスがやったように，その図形に内接(あるいは外接)する多角形をつくって，その面積を計算することでしょう．また，図形を縦に細かく切って，たくさんの長方形をつくってみるのもよい方法です．一例として，

$$y = x^2$$

のグラフが囲む，図 4 のような図形((a)の斜線部分)の面積を概算してみましょう．

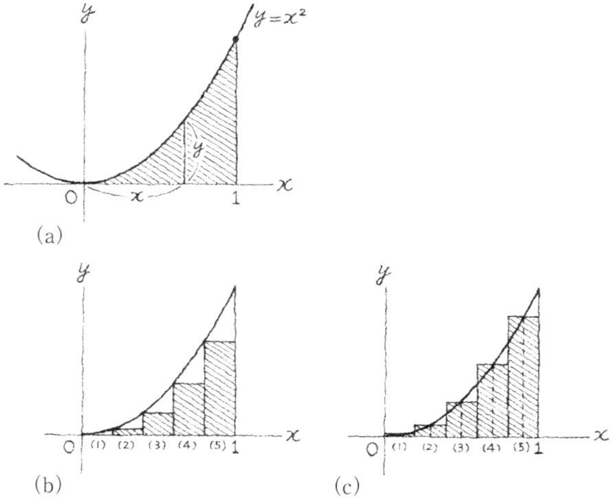

図 4 曲線図形の面積を区分求積法で求める
(a) 方程式 $y=x^2$ のグラフ.
(b) 縦に 5 等分して内接長方形の面積を加えると 0.24 になる.
(c) 中央部の高さを使うと 0.33 になる.

まず，図形を縦に 5 等分して，幅 0.2 の 5 個の小片に区分してみましょう(これらの小片に，左から第 1，第 2，…と番号をつけることにします)．そして，それぞれの小片ごとに，内接長方形の面積を計算してみますと，次のようになります．

第 1 の小片中の，長方形の面積 ＝ 縦 0×横 0.2 ＝ 0

第 2 の小片中の，長方形の面積 ＝ 縦 $(0.2)^2$×横 0.2 ＝ 0.008

以下，簡単に書けば，

$$第 3 の面積 = (0.4)^2 \times 0.2 = 0.032$$

$$第4の面積 = (0.6)^2 \times 0.2 = 0.072$$

$$第5の面積 = (0.8)^2 \times 0.2 = 0.128$$

これらを合計すると，0.24 という値が得られます．

この値 0.24 は，図 4(b)の斜線部分の面積にあたるので，図 4(a)の斜線部分の面積よりかなり小さくなりそうです．それでも，10 等分あるいは 100 等分と，切りかたを細かくすれば，正しい値にしだいに近づくでしょう．また，次のような計算法もあります．

$$小片の面積 \doteqdot (小片の中央部の高さ)\times(底辺)$$

いいかえれば，図 4(c)の面積を計算するのです．そうしますと，

$$第1の小片の面積 \doteqdot (0.1)^2 \times 0.2 = 0.002$$

$$第2の小片の面積 \doteqdot (0.3)^2 \times 0.2 = 0.018$$

$$第3の小片の面積 \doteqdot (0.5)^2 \times 0.2 = 0.05$$

$$第4の小片の面積 \doteqdot (0.7)^2 \times 0.2 = 0.098$$

$$第5の小片の面積 \doteqdot (0.9)^2 \times 0.2 = 0.162$$

のような値が求められます．したがって，全部を合わせて，

$$求める面積 \doteqdot 0.33$$

となります．正しい面積は実は $\frac{1}{3}$ なので，これはなかなかよい近似値です！　このような面積の計算法を**区分求積法**といい，とくに，中央部の高さを使う方法を**中央法**といいます．

ケプラー以後，カヴァリエリ(1598–1647)，パスカル(1623–62)，ウォリス(1616–1703)などの数学者が，これらの

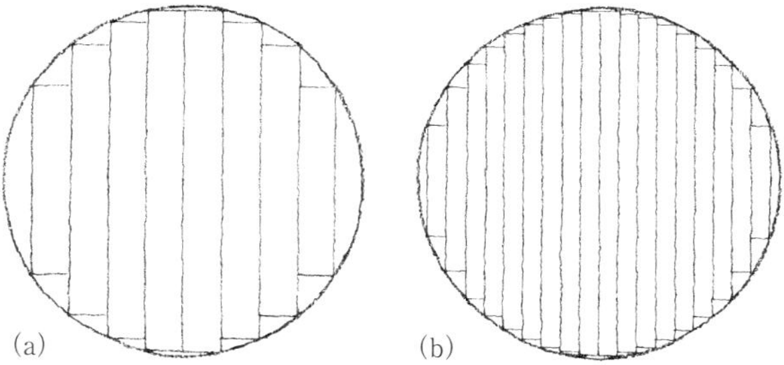

図5 安島直円にならって円の面積を求める 内がわの長方形の面積の和を計算すると，円の面積の近似値が得られる．切りかたを細かくしてゆけば，いくらでも正確な値が得られる．たとえば半径を10等分すると(b)，(両はしの切片を除いて)18個の長方形が得られる．それらについて計算すると，$\pi \fallingdotseq 2.9$ となる(半径を20等分すると，$\pi \fallingdotseq 3.03$ となり，しだいに正しい値に近づく)．安島はこの計算から，π をあらわす式をたくみに求めた．

方法を使って，たくさんの図形の面積を算出しました．日本では，安島直円(あじまなおのぶ)(1739–98)が，この方法を円の面積の計算に応用しています(図5)．

この時代の結果で，円周率の研究の上でとくに重要なのは，次の二つです．まず，方程式

$$y = ax^2$$

のグラフが囲む，図6(a)の斜線部分の面積を A とおくと，

$$A = \frac{1}{3}ac^3 \qquad (3)$$

が成りたつ，ということです．たとえば $a=c=1$ なら

$$A = \frac{1}{3}$$

で，これがさっきいっていた“正しい値”です．

もうひとつは，方程式

$$y = \frac{1}{1+x^2}$$

のグラフが囲む面積についての公式です．すなわち，図6(b)の斜線部分の面積を θ とおき，また図6(c)のように点A, A′, C, C′ をきめると，

$$\theta = 弧\,\overset{\frown}{\mathrm{AC'}}\,の長さ \qquad (4)$$

となる，ということです．

この式が何の役にたつのか，ちょっと見ただけでは見当もつかないでしょう．しかし，$c=1$ の場合を考えてみますと，線分OCが直角をちょうど2等分するので，

$$\theta = 弧\,\overset{\frown}{\mathrm{AC'}}\,の長さ = \frac{1}{2}(弧\,\overset{\frown}{\mathrm{AA'}}\,の長さ)$$

$$= \frac{1}{2}\left(\frac{2\pi\times 1}{4}\right) = \frac{\pi}{4}$$

になるのです．ですから，$c=1$ の場合の面積 θ から，円周率 π の値を求めるという，これまでとまったく新しい道が開かれたことになります．

ためしに，$c=1$ に対する θ の値を，(図形を縦に10等分して)中央法で計算してみましたら，次のような結果が出ました．

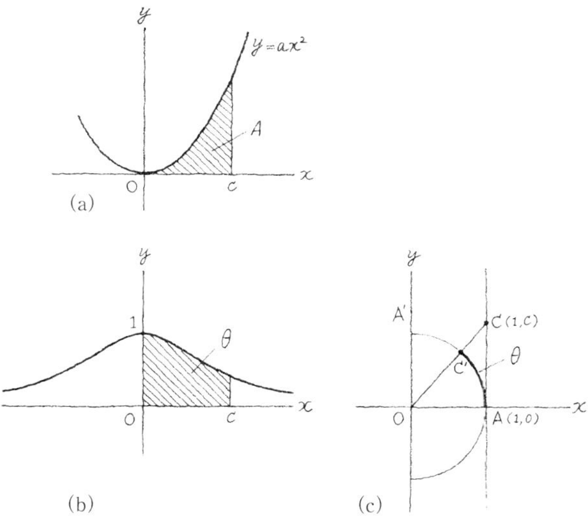

図6　重要な曲線図形の面積

(a)　$y=ax^2$ が囲む 0 から c までの面積は $\dfrac{1}{3}ac^3$ である．

(b)　$y=\dfrac{1}{1+x^2}$ が囲む 0 から c までの面積 θ は，簡単な式ではあらわされない．だいたいの値を区分求積法で求めてみると，$c=0.5$ のとき 0.4637，$c=1$ のとき 0.7856 となる．

(c)　図(b)の面積 θ を，ある弧の長さにおきかえることはできる(つまり，θ 分の長さをもつ弧が，作図できるのである)．それにはまず，半径 1 の円とそれに接する直線をひとつ描いておく(中心を O，接点を A とする)．そしてその接線の上に，$\mathrm{AC}=c$ となるように点 C をとり，線分 OC と円の交点を C′ とすると，弧 AC′ の長さはちょうど θ の値に一致する(10 cm を 1 として，$c=1$ のときの弧 AC′ の長さを測ってみるとよい)．

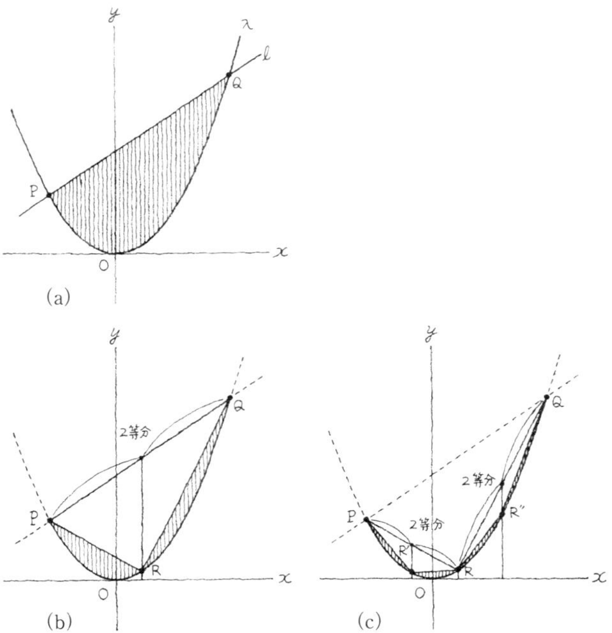

図 7　アルキメデスが求めた面積　アルキメデスは，曲線 λ（放物線，方程式は $y=cx^2$）と直線 l（方程式 $y=ax+b$）とで囲まれる，図(a)の斜線の部分の面積 S を計算した．彼はまず，図(b)，(c)のように，斜線の部分からつぎつぎと三角形を切りとってゆくと，それらの三角形の面積の総和が求める面積 S に等しいことを証明した（それは，斜線の部分の残りがどんどん小さくなることから，想像できるであろう）．すると，三角形の面積の総和を計算すればよいことになるが，そのとき

$$S = M\left(1+\frac{1}{4}+\left(\frac{1}{4}\right)^2+\left(\frac{1}{4}\right)^3+\cdots\right) \qquad \text{(i)}$$

$$\theta \doteqdot 0.7856\cdots$$

ゆえに，

$$\pi \doteqdot 3.1424\cdots$$

というわけです．

あとでもっとうまい方法を解説しますが，これでもアルキメデス以来の計算法にくらべると，ずっと簡単によい値が得られます．こんなふうに公式(4)は，見かけは悪くても，なかなか味のある有用な公式なのです．

無限和の方法

曲線図形の面積を求めようとすると，各部分の面積の和を計算しなければなりません．それも(近似値でなく，正確な値を出そうとすると)，理想的には無限の項の和を求めなければなりません．たとえばアルキメデスは，図7の図形((a)の斜線部分)の面積を求めるために，次のような計算をやっています．

という形の式があらわれるのである(ただし M は，最初の三角形PRQの面積をあらわす)．ここからただちに，

$$S = \frac{4}{3}M \qquad \text{(ii)}$$

という式が得られる(本文参照)．アルキメデスは，放物線の接線の性質を使ってこれらの計算をすすめているので，式(i)は決して単純な機械的計算の結果ではない．

また彼は，物体の“つりあい”の考えによって，式(ii)を直接出してしまうエレガントな方法をも示しており，天才の自由なはばたきにまったく感心させられてしまう．

$$1+\left(\frac{1}{4}\right)=\frac{4}{3}-\frac{1}{3}\times\left(\frac{1}{4}\right)$$

$$1+\left(\frac{1}{4}\right)+\left(\frac{1}{4}\right)^2=\frac{4}{3}-\frac{1}{3}\times\left(\frac{1}{4}\right)^2$$

$$1+\left(\frac{1}{4}\right)+\left(\frac{1}{4}\right)^2+\left(\frac{1}{4}\right)^3=\frac{4}{3}-\frac{1}{3}\times\left(\frac{1}{4}\right)^3$$

これを □ 回続けると，

$$1+\left(\frac{1}{4}\right)+\left(\frac{1}{4}\right)^2+\cdots+\left(\frac{1}{4}\right)^{\square}=\frac{4}{3}-\frac{1}{3}\times\left(\frac{1}{4}\right)^{\square} \tag{5}$$

これは理想的な無限和に近づく，途中の和をあらわす式で，□ を大きくしてゆくと，右辺の

$$-\frac{1}{3}\times\left(\frac{1}{4}\right)^{\square}$$

は，いくらでも小さくなります（□＝10 ですでに，0.0000003 ぐらい）．ですから，左辺の和は，$\frac{4}{3}$ にいくらでも近づくわけで，ヴィエトのように“理想的に無限に続けた”和を考えれば，

$$1+\left(\frac{1}{4}\right)+\left(\frac{1}{4}\right)^2+\left(\frac{1}{4}\right)^3+\cdots=\frac{4}{3}$$

とみてよいでしょう．これはまた，次の公式の特別なばあいです．

$-1<x<1$ のとき，

$$1+x+x^2+x^3+\cdots=\frac{1}{1-x} \tag{6}$$

この公式(6)は，式の割り算を実行すれば，すぐにたしかめられます．実際やってみると，

$$\begin{array}{r|l} & 1 \\ \hline 1-x & 1 \\ & \underline{1-x} \\ & \quad x\cdots\text{あまり} \end{array}$$

ゆえに(検算してみてください)，

$$\frac{1}{1-x}=1+\frac{x}{1-x}$$

もっと続けると，

$$\begin{array}{r|l} & 1+x \\ \hline 1-x & 1 \\ & \underline{1-x} \\ & \quad x \\ & \quad \underline{x-x^2} \\ & \qquad x^2 \end{array}$$

ゆえに，

$$\frac{1}{1-x}=1+x+\frac{x^2}{1-x}$$

このような割り算を，がんばってさらに続けると，次ページのような結果が導かれます．

$$
\begin{array}{rl}
 & 1+x+x^2+x^3 \\
1-x \,\big) & 1 \\
 & \underline{1-x} \\
 & \quad x \\
 & \quad \underline{x-x^2} \\
 & \qquad x^2 \\
 & \qquad \underline{x^2-x^3} \\
 & \qquad\quad x^3 \\
 & \qquad\quad \underline{x^3-x^4} \\
 & \qquad\qquad x^4
\end{array}
$$

したがって,

$$\frac{1}{1-x} = 1+x+x^2+x^3+\frac{x^4}{1-x}$$

こうして，一般に

$$\frac{1}{1-x} = 1+x+x^2+\cdots+x^n+\frac{x^{n+1}}{1-x}$$

が成りたつことがわかるでしょう(n は割り算を続けた回数です．$n=3$ のときがすぐ上の式，$n=1$ のときがその前の式です)．これを変形して,

$$1+x+x^2+\cdots+x^n = \frac{1}{1-x}-\frac{x^{n+1}}{1-x}$$

となり，$x=\dfrac{1}{4}$ とおいて右辺を計算してみると，前のアルキメデスの公式(5)が出てきます(さっき □ と書いたところを，今度は n と書いています)．

ここで，x を特定の値にきめておいて，n だけどんどん大

きくしたら，どうなるでしょうか？

$$-1 < x < 1$$

の場合には，右辺の第２項

$$-\frac{x^{n+1}}{1-x}$$

は，どんどん小さくなります．これを理想的に無限に続ければ，第２項はいくらでも小さくなり(表)，ついには消えうせてしまうでしょう．つまり，公式(6)のようになるはずです．もう一度書くと，$-1<x<1$ のとき，

$\frac{x^{n+1}}{1-x}$ の，$n=1, 2, 3, \cdots$ に対する値

（たとえば３行目には，$x^4/(1-x)$ の値が記入してある）

n \ x	0.1	0.25	0.5	0.75	0.9
1	0.1111	0.0833	0.5	2.25	8.1
2	0.0111	0.0208	0.25	1.6875	7.29
3	0.0011	0.0052	0.125	1.2656	6.561
4	0.0001	0.0013	0.0625	0.9492	5.9049
5	—	0.0003	0.0313	0.7119	5.3144
6	—	0.0001	0.0156	0.5339	4.7830
8	—	—	0.0039	0.3003	3.8742
10	—	—	0.0010	0.1689	3.1381
20	—	—	—	0.0095	1.0942
40	—	—	—	—	0.1330
80	—	—	—	—	0.0020

数値はすべて小数点以下５桁目で４捨５入し，0.00005 より小さい値には(—)印を記入した．

$$\frac{1}{1-x}=1+x+x^2+x^3+x^4+\cdots$$

この右辺の(x のべき乗の)無限和は，**べき級数**と呼ばれ，ニュートン以前の数学が生んだ最大の武器のひとつです．

関数の考え

ここで，あとの話をはっきりさせるために，関数の考えの説明をしておきましょう．一例として，方程式

$$y=\sqrt{1-x^2}$$

を考えてみてください．

この方程式の中の変数 x, y には，

x の値をひとつきめると，y の値もひとつきまる

という関係があります(ただし，x の値は $|x|\leqq 1$ の範囲に限ります)．たとえば x の値を

0,　-0.5,　1

などとおいてみると，y の値がそれぞれに応じて

1,　$\sqrt{0.75}$,　0

のようにきまってくるわけです．このような関係をふつう**関数関係**といい，また

y は x に対して関数関係にある

とか

y は x に対応して定まる

などということもあります．

関数関係には，ほかにも身近な例がたくさんあります．

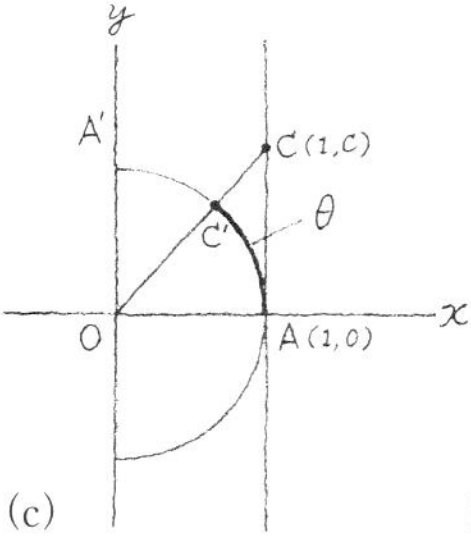

(c)

図 6(c)　再掲

(A)　ひかり××号の進んだ距離 d は，発車してからの経過時間 t をきめれば(それに応じて)きまる．

つまり d は，t に対して関数関係にある，というわけです．

(B)　0℃の，ある一定量の水を熱したとき，その温度 T は，その水が受けとった熱量 Q に応じてきまる．

(C)　図 6(c)において，弧 $\widehat{\mathrm{AC'}}$ の長さ θ は，線分 AC の長さ c に応じてきまる．

さて，このような関係の背後にかくされている，“一方に応じて，他方をきめる”はたらきを，ライプニッツ(1646–1716)は**関数**(function)と名づけました．その“はたらき”とは，(B)，(C)のような例では，自然のはたらきと考えられますし，(A)のような例では，人間がきめた規則(運転予定表)のはたらきであると考えられます．また，前の方程式の例では，右辺の式

$$\sqrt{1-x^2}$$

がもっている“数値をあらわすはたらき”が，それにあたる

と考えてよいでしょう．このように，自然のものや人間がきめたものなど，いろいろありますが，とにかく“対応するものをきちんと定める”はたらきでありさえすれば，どんなものでもさしつかえありません(ずいぶん勝手にきめた規則を考えることもあります)．

このようにたくさんありうる関数を区別するために，そのひとつひとつに簡単な名前をつけておくと便利です．ここではかりに，

変数 x に対して $y(=\sqrt{1-x^2})$ を定める関数を文字 f で，

時間 t に対して距離 d を定める関数を文字 g で

あらわすことにします．f, g が，これらの関数の名前です．そして，

関数 f によって定められる，$x=0.6$ に対応する y の値

のことを，

$$f(0.6)$$

であらわし，

関数 g によって定められる，$t=2.5$ に対応する d の値

のことを，

$$g(2.5)$$

であらわすことにします．もちろん，

$$f(0.6)=\sqrt{1-(0.6)^2}=\sqrt{0.64}=0.8$$

です．なお，変数 x の値をきめずに，

$$f(x) = \sqrt{1-x^2}, \qquad y = f(x)$$

などと書くこともあります．

ところで，例(C)でいっている長さ c と長さ θ の間には，図 6(c)からわかるように，さっきと逆の関数関係もあります．つまり，

$\theta = \widehat{\mathrm{AC}'}$ をきめれば，$c=\mathrm{AC}$ がきまる

のです．このようなときは，“どちらをさきにきめる”のかを，はっきり区別しなければなりません．ふつう，

θ に対して，c を対応させる

関数を正接関数(tangent)といって，記号 tan であらわし，

$$c = \tan\theta$$

と書きます．また，例(C)で考えていた

c に対して，θ を対応させる

関数を逆正接関数(arctangent)といって，記号 arctan (アーク・タンと読む)であらわし，

$$\theta = \arctan c$$

と書きます．すると，たとえば“$c=1$ のとき，$\theta=\frac{\pi}{4}$”ということを，

$$\arctan 1 = \frac{\pi}{4}$$

と書けるわけです．なお，昔からの習慣で，tan，arctan はそのあとの括弧をはぶき，

$$\tan\left(\frac{\pi}{4}\right), \qquad \arctan(1)$$

などとは書かないのがふつうです．

なお長さθは，角COAをあらわす量として使われることがあります(そのときは**ラジアン**という単位です)．円周を4等分した角度(直角)は$(2\pi/4)=\pi/2$ラジアンで，これはまた90°ともいえます．一般に，

$$y^\circ = \left(y \times \frac{\pi}{180}\right) \text{ラジアン}$$

で，$\tan x$は，斜辺と底辺とのなす角がxラジアンであるような直角三角形の，底辺と高さの比に一致します．

tanとarctanの関数値

x	$\tan x$	$\arctan x$
0	0.0000	0.0000
0.1	0.1003	0.0997
0.2	0.2027	0.1974
0.3	0.3093	0.2915
0.4	0.4228	0.3805
0.5	0.5463	0.4636
0.6	0.6841	0.5404
0.7	0.8423	0.6107
0.8	1.0296	0.6747
0.9	1.2602	0.7328
1	1.5574	0.7854

$\tan x$は$\theta=x$のときのcの値を，$\arctan x$は$c=x$のときのθの値をあらわす(図6(c))．

$$\tan x = \frac{\text{高さ}}{\text{底辺}}$$

これらのことは，高校で学ぶので，ここではこれ以上ふれません．

次に，円周率に関係の深いいくつかの関数の例を，もう少しあげておきましょう．

$$L(r) = 2\pi r$$

これはもちろん，半径rに円周$2\pi r$を対応させる関数をあらわしています．Lは，式$2\pi r$の“はたらき”につけられた名前であるとみることができます．

$$S(r) = \pi r^2$$

$$V(r) = \frac{4}{3}\pi r^3$$

$$h(x) = \frac{1}{1+x^2}$$

このように記号をきめておくと，たとえば $x=0.1$ のときの式 $\frac{1}{1+x^2}$ の値を $h(0.1)$ と短く書くことができるなど，いろいろ便利なことがあります．

ところで，これらの関数の大まかな性質は，たとえば方程式

$$y = h(x)$$

のグラフ(つまり，点 $(x, h(x))$ がえがく線(次ページ)をえがいてみるとわかりやすいものです──図 8(a)のようになります(図 6(b)と，同じものです)．これを，**関数 $\boldsymbol{h}$ のグラフ**といいます．逆正接関数 arctan のグラフは，同図(b)のようになります．

このような関数のグラフが囲む，図 8(a)のような図形(斜線部分)の面積は，応用上きわめて重要です．あとで何回も使いますから，この(まだ求まっていない)面積をあらわす記号をきめておきましょう．

$$\text{図 8(a)の斜線部分の面積} = \int_a^b h(x)\,dx$$

なお，(話をむずかしくしないために) h のグラフは，$a \leqq x \leqq b$ の範囲ではいつでも“x 軸の上側にある”場合だけを考えることにします．

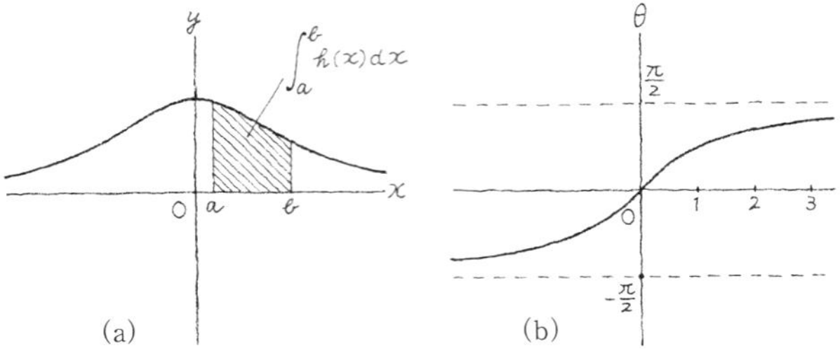

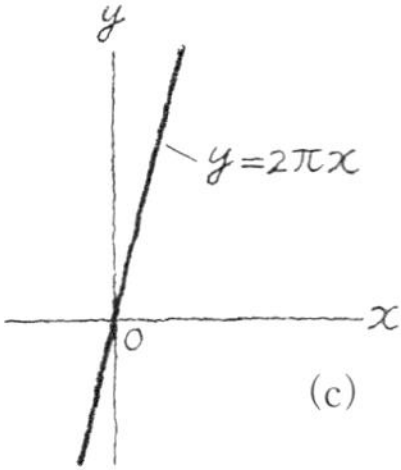

図8　いくつかの関数のグラフ

(a)　$h(x)=\dfrac{1}{1+x^2}$ のグラフ

(b)　$\theta=\arctan c$ のグラフ

(c)　$y=2\pi x$ のグラフ(直線になる)

この記号を使うと，たとえば公式(4)，(3)が次のように書きあらわされます．

$$\int_0^c h(x)\,dx = \int_0^c \frac{1}{1+x^2}dx$$

$$= \text{弧}\,\widehat{\mathrm{AC'}}\,\text{の長さ} = \arctan c \qquad (7)$$

$$\int_0^c ax^2dx = \frac{1}{3}ac^3 \qquad (8)$$

この記号の意味(なぜ dx などをつけるか？)や，その応用については，次に節をあらためて説明しましょう．

積分の応用

面積 $\int_a^b h(x)\,dx$ の値を計算することを，**積分**といいます．くわしくは，

関数 h を，a から b まで積分する

といいます．これは，高等学校で習うことですから(昔は大学でしか教えませんでした)，中学生の読者にはむずかしく感じられるかもしれません．しかし実は，前の章でも(積分という言葉をわざと使わなかっただけで)積分の基本的な性質をいろいろ調べていたのです．これからも，新しい記号をつかってみるだけで，そんなにむずかしいことに深入りするわけではありませんから，安心して読み進んでください．

積分のひとつの手段として区分求積法があります．たとえば，$a=0$, $b=1$ として，その間を5等分して中央法をあてはめると，次のようになります．

$$\int_0^1 h(x)\,dx \fallingdotseq (h(0.1)\times 0.2)+(h(0.3)\times 0.2)$$

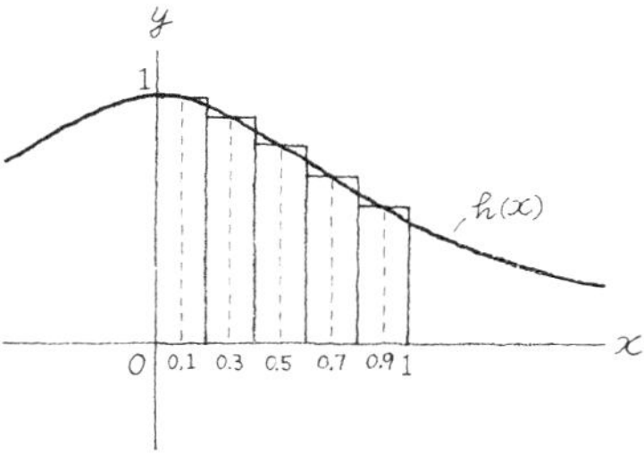

$$+\cdots+(h(0.9)\times 0.2)$$

これはもちろん近似計算ですが，図形を縦に区分するしかたをどんどん細かくすれば，正しい値にいくらでも近づくでしょう．

左辺の記号は，実はこの右辺の形を思いだせるようにきめられたものなのです．まず dx は，変数 x の小さな変化をあらわし，縦に区分された一小片の幅を暗示しています．

$$h(x)\,dx$$

は，

$$\text{一小片の面積} = \text{縦}\ h(x)\times\text{横}\ dx$$

をあらわし，また $\int$ は和(sum)の頭文字 s の古い書体で，それらを加えあわせることを意味しています．けっきょく全体として，

(縦×横)を加えあわせよ

というふうに読めるので，実にうまい暗号であると思います．

次に簡単な例として，関数 L の積分を計算してみましょう．

$$\begin{aligned}\int_0^r L(x)\,dx &= \int_0^r 2\pi x dx\\ &= \text{図 9(a)の斜線部分(三角形)の面積}\\ &= (\text{底辺}\ r)\times(\text{高さ}\ 2\pi r)\div 2 = \pi r^2\end{aligned}$$

円周 $2\pi x$ を($x=0$ から r まで)積分すると，円の面積 πr^2 になる！　これは偶然ではないので，円の面積を，図 9 の(b)と(c)のように変形してみれば，たしかに(切りかたを細かく

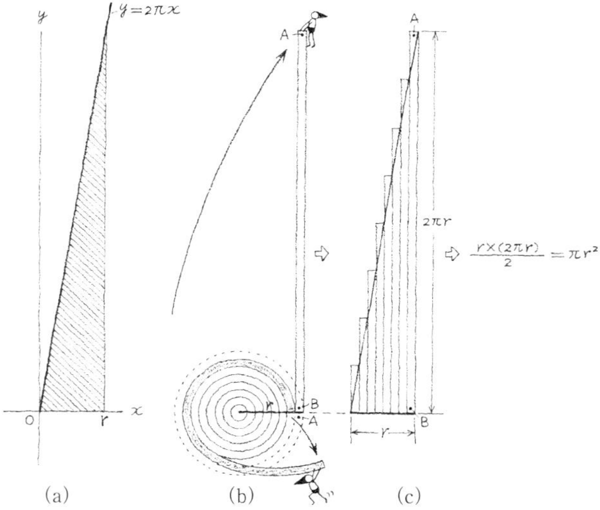

図 9　円の面積を積分で求める　$y=2\pi x$ のグラフを 0 から r まで積分することは，(a)の斜線部分(三角形)の面積を求めることである．それはまた，(b)の円の面積を(c)のように分割して計算することと同じである．

するにつれて，しだいに正確に)三角形の面積

$$\int_0^r L(x)\,dx$$

になおせるでしょう．

同じような考えかたで，円の面積の公式から，球の体積の公式を導きだすこともできます．ただ，かなりむずかしくなりますので，計算のすじ道だけ書いておきましょう(ここの

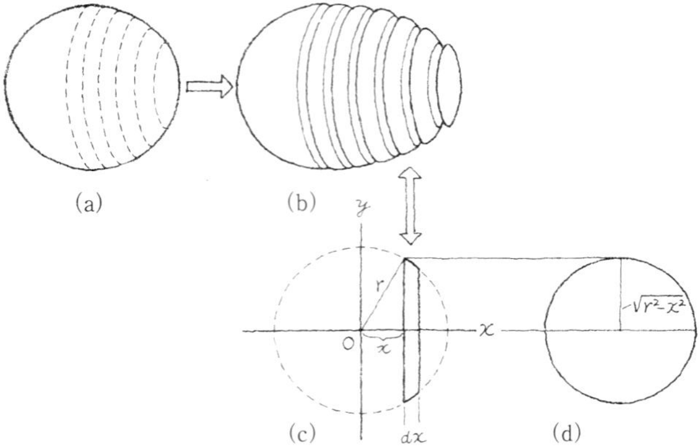

図 10　球の体積を積分で求める　球(a)を幅 dx に分割して(b)，それぞれの円盤の体積を加え合わせる．

部分は，とばして先にすすんでもかまいません）．

まず，半径 r の球を，図 10 の(a)から(b)のように，うすく輪切りにしてみます．すると，各部分の体積は次のように計算できるでしょう．

$$\text{ひとつの部分の体積} \fallingdotseq (\text{半径}\sqrt{r^2-x^2}\text{ の円の面積})\times(\text{厚さ})$$
$$= \pi(r^2-x^2)\times dx$$

すると，全体の体積 $V(r)$ が，次のようにあらわされます．

$$V(r) \fallingdotseq [\pi(r^2-x^2)\times dx \text{ を加えあわせた和}]$$

ところが，この式の右辺 [⋯] は，関数

$$y = \pi(r^2-x^2)$$

の積分を，区分求積法で求める式になっています．ですから，

$$V(r) \doteqdot [\cdots] \doteqdot \int_{-r}^{r} \pi(r^2-x^2)\,dx$$

ここで区分(輪切り)のしかたをうんと細かくしてやると，中央の式［…］の値は，左辺にも右辺にも，いくらでも近づきます．ということは，

$$V(r) = \int_{-r}^{r} \pi(r^2-x^2)\,dx$$

でなければなりません．

さいごの式の右辺の積分は，次のように書きかえることができます．

$$2\left(\pi r^3 - \int_0^r \pi x^2 dx\right)$$

この式の第2項に，公式(8)をあてはめてみてください．

$$V(r) = 2\left(\pi r^3 - \frac{1}{3}\pi r^3\right) = \frac{4}{3}\pi r^3$$

このように(積分法の公式をちょっと借りれば)，球の体積が簡単に求められます(あとでもっとうまいやりかたを説明します)．

球の体積の公式が得られれば，表面積の公式を導くことは初等的にできます．それには，半径 r の球(スイカを思い浮かべてください)にほうちょうを入れて，同じ高さの角錐に切りわけます――いつでも中心を通る面で切ればよいのです．すると，高さ r の角錐がたくさんできるでしょう．そして，ひとつひとつの角錐の体積は，切りかたが十分細かくて，底

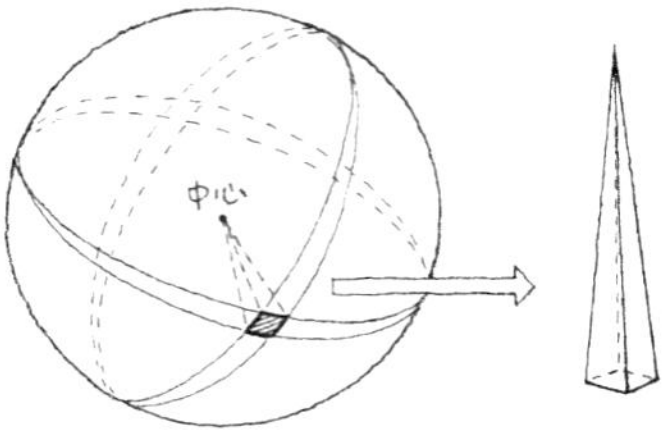

面がほぼ平らだとすれば,

$$\frac{1}{3}\times(\text{高さ } r)\times(\text{角錐の底面積})$$

です．したがって,

$$\begin{aligned}\text{球の体積} &= \text{角錐の体積の総和}\\ &= \frac{1}{3}r\times(\text{角錐の底面積の総和})\end{aligned}$$

ところが角錐の底面は，もともと球の表面の一部分で，その総和は球の表面積なのですから,

$$\text{球の体積} = \frac{1}{3}r\times(\text{球の表面積})$$

ゆえに

$$\begin{aligned}\text{球の表面積} &= \left(\frac{4}{3}\pi r^3\right)\div\left(\frac{1}{3}r\right)\\ &= 4\pi r^2\end{aligned}$$

というわけです．

これはもちろん，かなり“危ない橋”をわたった導きかた

ですが，さいわい問題なく正しい答が得られています．

変化率の考え

話は飛ぶようですが，円周と円の面積とをむすびつける，全然ちがった考えかたがあります．それは，半径を変えたときの，面積の変化を観察することです．

図のように，同じ点を中心に，半径 r の円と，半径 $(r+d)$, $(r-d)$ の円を重ねて描いてみます．すると，半径 r の円の外がわと内がわに，幅 d の道ができます．

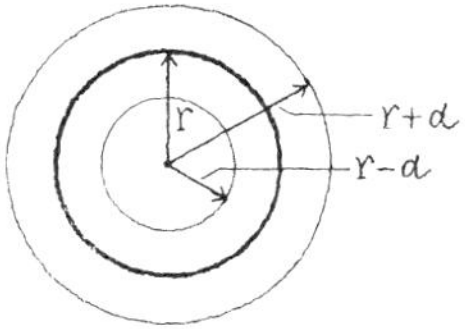

これらの道の面積と，幅が d で，長さが円周 l に等しいまっすぐな道の面積とをくらべたら，どれが一番大きいでしょうか？　次ページの図 11 から明らかに，幅 $d(0<d<r)$ の大きさに関係なく，

(内がわの道の面積) ＜ (まっすぐな道の面積)
＜ (外がわの道の面積)

が成りたつでしょう．一方，

$$(\text{まっすぐな道の面積}) = ld$$

ですし，また，円の面積の公式

$$S = \pi r^2 \tag{9}$$

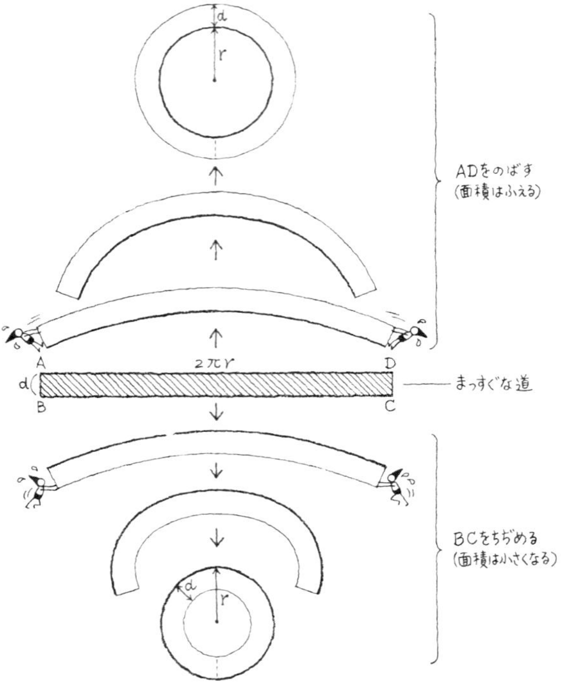

図 11　外がわの道と，まっすぐな道と，内がわの道の比較

を使うと，次のような計算ができます．

$$(\text{外がわの道の面積}) = \pi(r+d)^2 - \pi r^2$$
$$= \pi(r^2+2rd+d^2) - \pi r^2$$
$$= 2\pi rd + \pi d^2$$

$$
\begin{aligned}
(\text{内がわの道の面積}) &= \pi r^2 - \pi(r-d)^2 \\
&= \pi r^2 - \pi(r^2 - 2rd + d^2) \\
&= 2\pi rd - \pi d^2
\end{aligned}
$$

これらの答をさっきの不等式に代入しますと，

$$2\pi rd - \pi d^2 < ld < 2\pi rd + \pi d^2$$

各辺を $d\,(>0)$ で割ると

$$2\pi r - \pi d < l < 2\pi r + \pi d \tag{10}$$

この不等式は，d をいくら小さくしても成りたちます．$d=0.1$ でも，$d=0.00\cdots001$ でもよいのです．ですから当然

$$l = 2\pi r \tag{11}$$

でなければなりません！── l と $2\pi r$ とが，ほんのちょっとちがうだけでも，d をうんと小さくすると，不等式(10)が成りたたなくなってしまいます．このようにして，円の面積の公式(9)から，円周の公式(11)が導かれました．

ここで，不等式(10)にあらわれる式 $2\pi r + \pi d$ の出どころを注意しておきましょう．これは，外がわの道の面積を道幅 d で割ったものでした．

$$2\pi r + \pi d = \frac{\pi(r+d)^2 - \pi r^2}{d} = \frac{\text{円の面積 } S \text{ の変化}}{\text{半径 } r \text{ の変化}}$$

このような比を，面積 S の，半径 r に対する**変化率**といいます．

この形の式は，ほかの問題にも，じつによく出てきます．たとえば自動車で旅行をしたときの，平均速度を考えてみましょう．4 時間に 150 キロ走ったのなら，平均速度は次のよ

うに計算されます．

$$\frac{\text{走行距離(距離 }K\text{ の変化)}}{\text{経過時間(時間 }T\text{ の変化)}} = \frac{150}{4} = 37.5\,(\text{km/時間})$$

これはつまり，距離 K の時間 T に対する変化率です．それでは，車がある地点を通りすぎた瞬間での，自動車の速度——瞬間速度はどのように求められるでしょうか？

実用的な考え方は，十分小さい経過時間 d(たとえば $d=0.01$)について，平均速度

$$\frac{d\text{ 時間に進んだ距離}}{d}$$

を計算することでしょう．事故でもない限り，速度がそう急激に変化するとは思われないからです．できれば $d=0.001$ とか 0.0001 など，もっと小さな値について計算した方が，答は正確になります．しかしやかましくいえば，それはあくまでも近似値であって，理想的な瞬間速度ではありません．

時間 T と進んだ距離 K との関係が，図 12 のようにあらわされる場合はどうでしょうか？　これでは，走行距離のくわしい値がわからないので，理想的な値といわれても，たしかめようがありません．

しかし，もっと簡単な場合については，瞬間速度をはっきり計算することができます．

一例として，まっすぐな斜面で球をころがす実験を考えてみましょう．斜面の上に静かにおかれた球が，t 秒間にころがった距離を $s(t)$ メートルとしますと，次の法則が成りた

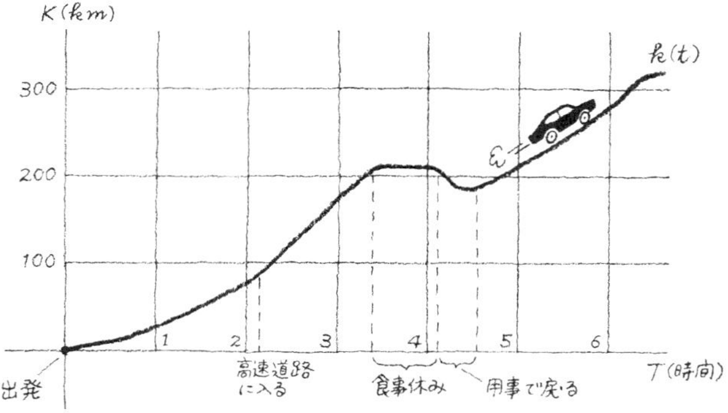

図 12　時間と距離の関係(ある自動車の例)

ちます(ガリレオ・ガリレイ(1564–1642)).

$$s(t) = ct^2$$

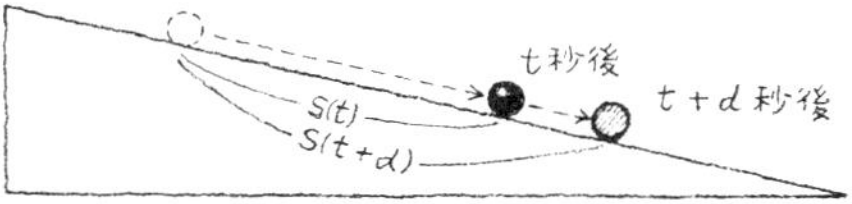

ただし c は，斜面の角度に応じて定まる，t に無関係な定数です．すると，最初の t 秒間に $s(t)$ だけころがった球は，その後の d 秒間に

$$s(t+d)-s(t) = c(t+d)^2-ct^2$$

だけころがるはずですから，その d 秒間の平均速度は次のように計算されます．

$$\frac{s(t+d)-s(t)}{d}=\frac{c(t+d)^2-ct^2}{d}=\frac{2ctd+cd^2}{d}$$
$$=2ct+cd$$

たとえば $t=10$，$c=0.05$ なら，

$$\text{平均速度} = 2\times0.05\times10+0.05d = 1+0.05d$$

となるわけです．

ここで d をどんどん小さくして，平均速度を理想的な瞬間速度に近づけてみましょう．そのとき，cd はどんどん小さくなるでしょうから，

$$\text{平均速度} = 2ct+cd$$

の値は，$2ct$ にいくらでも近づきます．したがって，

$$\text{瞬間速度} = 2ct$$

と考えてさしつかえないでしょう．

この計算から，t 秒後の瞬間速度 $2ct$ が，t が大きくなるのに比例して増大することがわかります．しだいに"ころがりかたが速くなる"ということが，数量的にたしかめられたわけです．

関数

$$s(t) = ct^2$$

から求められた瞬間速度 $2ct$ は，

関数 s の，t における**瞬間変化率**

とも呼ばれ，記号 $s'(t)$ あるいは $[s(t)]'$ であらわされます．すなわち

$$s'(t) = [s(t)]' = [ct^2]' = 2ct$$

となります．また，瞬間変化率(瞬間速度)$s'(t)$を求めることを**微分**といいます．

微分という言葉を使うと，さっき図11をみながらやっていた計算(の一部)を，次のように見なおすことができます．

$$\frac{S\text{の変化}}{r\text{の変化}} = \frac{\pi(r+d)^2-\pi r^2}{d} = 2\pi r+\pi d$$

ここで，dをどんどん小さくして，理想的な瞬間変化率を求めると，

$$\text{円の面積}\ S\ \text{の瞬間変化率}\ S'(r) = 2\pi r = \text{円周}\ l$$

つまり，“円の面積Sを微分すると，円周lになる”というわけです．

おもしろいことに，球の体積$\frac{4}{3}\pi r^3$を微分すると，球の表面積$4\pi r^2$になります．これは簡単な計算でたしかめられますから，興味のある方はやってみてください．念のために要点だけ書いておくと，

$$\frac{\text{体積の変化}}{\text{半径の変化}} = \frac{\frac{4}{3}\pi(r+d)^3-\frac{4}{3}\pi r^3}{d}$$
$$= \cdots = 4\pi r^2+d(\cdots)$$

ここで，dをどんどん小さくすれば，$(\cdots)$の部分もろとも消えうせます．したがって，

$$\text{体積の瞬間変化率} = 4\pi r^2\ (\text{表面積})$$

というわけです．

“微分の計算”は，積分にくらべてずっとらくです．次にい

くつか基本的な例をあげておきましょう．

（A） $s(x)=c$（一定）ならば，

$$s'(x) = [c]' = 0 \quad (\text{一定})$$

つまり，一定点に動かずにいるものの瞬間速度は，いつでも0だというわけです．

（B） $s(x)=ax$ ならば，

$$s'(x) = [ax]' = a \quad (\text{一定})$$

実際，進んだ距離が時間に比例するなら，速度は一定です．

（C） $$[ax^2]' = 2ax$$

たとえば

$$S(x) = \pi x^2$$

とすると，

$$S'(x) = [\pi x^2]' = 2\pi x$$

（D） $$[ax^3]' = 3ax^2$$

一般に，

$$[ax^n]' = nax^{n-1}$$

また，次の公式がよく使われます．

（E） $s(x)=P+Q+\cdots+R$ ならば，

$$s'(x) = [P]'+[Q]'+\cdots+[R]'$$

ただし $P, Q, \cdots, R$ は，勝手な式です．

これらを活用すると，多項式の微分がらくにできます．たとえば

$$s(x) = \pi r^2 x - \frac{1}{3}\pi x^3$$

とおくと，

$$
\begin{aligned}
s'(x) &= [\pi r^2 x]' + \left[\left(-\frac{1}{3}\right)\pi x^3\right]' \\
&= \pi r^2 + \left(-\frac{1}{3}\right)\times 3\pi x^2 \\
&= \pi r^2 - \pi x^2
\end{aligned}
$$

となります．また，次の計算も簡単でしょう．

$$
\begin{aligned}
&\left[x - \frac{1}{3}x^3 + \frac{1}{5}x^5 - \cdots + \frac{1}{17}x^{17}\right]' \\
&\quad = [x]' + \left[-\frac{1}{3}x^3\right]' + \left[\frac{1}{5}x^5\right]' - \cdots + \left[\frac{1}{17}x^{17}\right]' \\
&\quad = 1 - \frac{1}{3}\times 3x^2 + \frac{1}{5}\times 5x^4 - \cdots + \frac{1}{17}\times 17x^{16} \\
&\quad = 1 - x^2 + x^4 - \cdots + x^{16}
\end{aligned}
$$

これらの計算は，あとで大いに役だちます．

ニュートン登場

これまでにお話した座標，区分求積法，変化率などの考えかたは，17 世紀の前半までに，いろいろな問題に応用されて，さまざまな知識がたくわえられていました．

しかしそれらはバラバラな知識であって，それらを統一する方法はみつかっていませんでした．探偵小説でいえば，事件が起こり，一見何の関係もないたくさんの手がかりが見つけだされて，さあ犯人はだれか，というような，スリリング

少年時代のニュートン

ニュートンは，ガリレオが死んだ1642年のクリスマス(旧暦による)に，ロンドンの北方およそ150キロにある，ウールズソープという小さな村で生まれた．彼の父は自営の農夫であったが，ニュートンの生まれる3カ月前に，37歳で亡くなった(あまり評判のいい人ではなかったようである)．やがて母は再婚し，幼いニュートンは祖母に預けられた．

幼年時代のニュートンは，あまり丈夫でなく，また小学校では，学課にも大した興味を示さなかったようである．しかしおもちゃを作ることにかけては天才の一端を示し，ネズミを動力とする製粉機や，ちょうちんつきの凧，女の子のための針箱，自分用の木製柱時計(実際に動いた)を作ったりしたという(E. T. ベル『数学をつくった人びと』(Ｉ)，第6章(田中・銀林訳，東京図書)による)．その後，しだいに体力をつけたらしく，中学校に入ってから，いつもいじめる餓鬼大将に挑戦して，“いっそうのファイトと決断”によって勝利をえた．彼が14歳のとき，彼の母親は2度目の夫とも死に別れたので，ウールズソープに帰り，ニュートンに手伝わせて，農場を経営しようと考えた．しかしそれはニュートンには気の向かない仕事であったし，彼の才能を認めた叔父や先生が母を説得してくれたおかげで，さいわい勉強を続けることを許された．

やがてケンブリッジ大学に入学したニュートンは，すぐれた数学の教授アイザック・バーロウ(1630–77)のもとで基礎的な数学や，バーロウ自身の工夫による積分の方法と接線を求める方法を勉強した．学生時代にはとくにめだつところもなく，ごく正常な学生生活を送ったが，“その小遣帳には，居酒屋への数度の払いと，トランプで負けたときの出費が2回書きとめられている”ので，たまには息ぬきもやったようである．

な場面です．そこで登場して，すっきりと事件を解決した名探偵が，イギリスの誇る天才，アイザック・ニュートン(Isaac Newton，1642–1727)です．

1664年，彼がケンブリッジ大学の学士になった年に，ロンドンで7万人が死んだといわれるペストの大流行が始まりました．これは翌年にはケンブリッジにも波及し，大学も長期にわたって閉鎖されましたので，彼は故郷のウールズソープに帰り，2回にわたって合計18カ月もひとりで思索にふけることになりました．これは後の人々に“黄金の月々”と呼ばれた期間で，この期間に，微積分学の基本定理をはじめ，万有引力の法則，色彩の理論など，どれひとつとっても画期的な成果をつぎつぎとあげたのです．

1665年のはじめごろ，彼は関数の変化率を研究して，前節に述べた諸性質(A)～(E)を得ました．そして次に，微分の逆の問題，つまり与えられた関数$P(x)$に対して

$$[\quad]' = P(x)$$

が成りたつように，[　]の中を埋めよ，という問題を考えました．たとえば

$$[\quad]' = 6x^2$$

ならば，［　］の中に $2x^3$ を入れればよいのです．

$$[2x^3]' = 3\times 2x^2 = 6x^2$$

この問題を，一般の $P(x)$ について考察したニュートンは，じつに簡単で驚くほど強力な，次の事実を発見しました．

微積分学の基本定理

(1)　$[Q(x)]'=P(x)$ ならば，

$$Q(b)-Q(a) = \int_a^b P(x)\,dx$$

(2)　$Q(x)=\int_c^x P(x)\,dx$ とおけば，

$$[Q(x)]' = P(x)$$

未知の関数 Q を求めるには，P を積分すればよい ── 微分の逆は，積分であった！

このことは，いわれてみれば，思いあたるところがあるでしょう．前に，円周を積分すると円の面積になり，逆に，円の面積を微分すると円周になったことを，たしかめたではありませんか！　性質(D)も，項 ax^2 の積分の公式(8)と，ぴったりあっています．

この基本定理のおかげで，いろいろな積分が手軽に計算できます．たとえば，

$$Q(x) = \pi r^2 x-\frac{1}{3}\pi x^3$$

とおくと，

$$[Q(x)]' = \pi(r^2 - x^2)$$

となるので，基本定理の(1)から，

$$\int_{-r}^{r} \pi(r^2 - x^2)\,dx = Q(r) - Q(-r)$$
$$= \left(\pi r^3 - \frac{1}{3}\pi r^3\right)$$
$$- \left(\pi r^2(-r) - \frac{1}{3}\pi(-r)^3\right)$$
$$= \frac{4}{3}\pi r^3$$

また，$|x|<1$ のとき

$$\frac{1}{1-x} = 1 + x + x^2 + x^3 + \cdots \text{（無限に続ける）}$$

が成りたつことを使うと，次の公式(グレゴリー，1671)が証明できます．

$$\arctan c = c - \frac{1}{3}c^3 + \frac{1}{5}c^5 - \frac{1}{7}c^7 + \cdots \qquad (12)$$

その証明のあらすじは，次のとおりです．まず，上の公式の x を $(-x^2)$ でおきかえると，

$$\frac{1}{1+x^2} = 1 - x^2 + x^4 - x^6 + x^8 - \cdots$$

そこで，

$$Q(x) = x - \frac{1}{3}x^3 + \frac{1}{5}x^5 - \frac{1}{7}x^7 + \cdots$$

とおいてみると，性質(D)，(E)によって

$$[Q(x)]' = 1-x^2+x^4-x^6+\cdots$$

$$= \frac{1}{1+x^2}$$

となることがわかります．したがって，公式(7)から，

$$\arctan c = \int_0^c \frac{1}{1+x^2}dx$$
$$= Q(c)-Q(0)$$

$Q(0)=0$ ですから，ここからただちに公式(12)が得られます．

おもしろいことに，公式(12)は，$c=1$ のときにも成りたちます．すると，91 ページの説明で述べたように

$$\arctan 1 = \frac{\pi}{4}$$

なので，ライプニッツの公式といわれる次の等式が得られます(126 ページの補足参照)．

$$\frac{\pi}{4} = 1-\frac{1}{3}+\frac{1}{5}-\frac{1}{7}+\frac{1}{9}-\cdots$$

ニュートンもこの時期に，円周率の計算をやっています．彼はやはり積分の計算から，円周率を無限和であらわす別の公式をつくり，その 22 項までを計算して次の値を出しました(14 桁まで正しい値が出ています)．

$$\pi \fallingdotseq 3.14159265358979\mathbf{28}\cdots$$

ルドルフがこのやりかたを聞いたら，さぞくやしがったこと

でしょう！ 彼の計算力によれば，このやりかたで35桁を計算することぐらい，3日とはかからないはずです．ニュートンの方法の偉力は，こんなところにもはっきりとあらわれています．

ニュートンがこの結果を出したのは，グレゴリーがarctanの公式を発見したのより5年も前でした．しかし発表はずっと遅れて，彼の死後(1737)になってしまいました．

“黄金の月々”の最後には，ニュートン力学の誕生がやってきます．これは円周率と直接関係ないことですが，ついでですから簡単にふれておきましょう．

地球や月が運動するようすは，ケプラーらの研究によってかなりくわしくわかっていましたが，“なぜ”そのような運動をするのかは，まったく説明ができませんでした．なぜ月は，動く地球から離れずに，地球について回るのでしょうか？ ニュートンは，それが重力――リンゴをひっぱるのと同じ力――が月にまでおよんでいるからではないか，と考えました．そして，月をその軌道の上にひきとめるのに必要な力を計算し，地球の重力の値と比較して，よくあうことをたしかめたのです．

ところで，月にもリンゴにも，同じ種類の力が働くものなら，リンゴのように小さなもの同士でも，それと同じ力が働くのではないか，と思われます．しかしもしそうだとすると，気になる点がひとつでてきます．それは，リンゴが地球にひっぱられる場合を考えてみると，リンゴをひっぱっているのは地球の“各部分”なので，地球のどこに向かって落ちていくか，はっきりしなくなるからです．さいわいニュートンは，(少しあとになってからのようですが)積分の計算によって，この心配を打ちけすことができました —— 地球をリンゴぐらいの小部分にわけて，それぞれが木の上のリンゴをひっぱるとして計算しても，地球の中心に全質量が集まっていて，その中心が木の上のリンゴをひっぱるとして計算しても，答は同じで，“リンゴは地球の中心に向かって落ちる”のです．こうして万有引力の法則が，大手をふって歩けるようになりました．

万有引力は，近いものには強く，遠いものには弱く働き，くわしくいえば“距離の2乗に逆比例する”という性質があります．ニュートンは，この性質をもとにして計算を試み，ケプラーの法則が導かれることをたしかめました(最初の計算には少しまちがったところがありましたが，あとでなおすことができました)．後年(1680年ころ)，何人かの学者が同じようなことを考えましたが，たしかめることができず，大論争をはじめました．そこである人がニュートンの考えをたずね，その理由をただしたところ，彼の答は簡単なものでした．「私はそれを計算したんですよ．」微分積分の計算こそ，彼の強力な秘密兵器で，彼の研究のすべてにわたって役立ったのでした．

このように輝かしい結果をもって，1667年ケンブリッジに帰ってきたニュートンは，すぐに特別研究生にえらばれ，

2年後には，聖職につくために引退した恩師バーロウのあとをついで，教授の椅子にすわりました(26歳のときのことです)．その後30歳で王立協会の会員に推挙され，のちにはその会長を勤めたほか，国会議員や造幣局長官になったこともあり，1705年には，時の女王アンから騎士の称号を授けられました．その間，彼の力学の集大成である『自然哲学の数学的原理』(Principia Mathematica)を出版(1686)したほか，数学，物理学ばかりでなく，錬金術や神学にも力をそそぎ，『意志と筋肉の関係』とか『世界の創造について』という研究もあるそうです．亡くなったのは1727年3月20日で，85歳でした．

ニュートンの人柄については，いろいろな見方があり，ずいぶん悪くいう人もいます．たとえばライプニッツと，微積分学の基本定理を“どちらがさきに発見したか”ということで大げんかしたほか，似たような論争をほかの人とも何回もやっています．事実は，2人とも独立に基本定理に到達したので，ただあとに発見したライプニッツの方がさきに発表(1677)し，ニュートンの方は，彼の方法を『数学的原理』の中にさえ明らかにせず，死後ようやく出版されたのでした(1736)．

しかし200年以上も前に亡くなった天才の，悪い面をつつきだしてみても，何の意味もないでしょう．ここではむしろ，ニュートンのよい一面を伝える，彼自身の言葉を引用しておきたいと思います．

「わたしは，海辺にあそんでいて，美しい貝がらや小石を拾って喜んでいる子供のようなものです．拾った貝がらはわずかですが，眼前には知識の大洋が，だれにも知られぬままに横たわっています」

「わたしが他の人たちよりも遠くを見たとしたら，それはわたしが巨人たちの肩にのったからである．」

巨人たちとはもちろん，22年間の超人的な計算によって，観測結果を簡潔な法則にまとめあげたケプラーをはじめ，アルキメデスや恩師バーロウなど，彼の偉大な先輩たちのことでしょう．私たちもまた，ニュートンの肩にのって自然界をながめているわけですから，ニュートンのこの言葉を忘れてはなりません．

計算競争

ライプニッツの式

$$\frac{\pi}{4}=1-\frac{1}{3}+\frac{1}{5}-\frac{1}{7}+\frac{1}{9}-\frac{1}{11}+\cdots$$

は，きれいな式ですが，数値計算にはあまり向いていません．それは，右辺の和の計算をやってみると，じつにわずかずつしか $\frac{\pi}{4}$ に近づかないので，“無限の和をとれば，正しい値になる”とはいうものの，正しい値を2桁出すのも容易でないからです(右の表を見てください)．そこでいろいろな改良が工夫されました．

ひとつはシャープ(A. Sharp, 1651–1742)のように，

ライプニッツの公式による
π の値の概算

項	項の値	π の近似値
1	1.000000…	4.00000
−(1/3)	−0.333333…	2.66667
(1/5)	0.200000…	3.46667
−(1/7)	−0.142857…	2.89524
(1/9)	0.111111…	3.33968
−(1/11)	−0.090909…	2.97605
(1/13)	0.076923…	3.28374
−(1/15)	−0.066666…	3.01707

20 項(つまり −(1/39))まで計算しても，
まだ 3.042… しか出ない．

$$\arctan\frac{1}{\sqrt{3}} = \frac{\pi}{6}$$

という関係を利用することです．すなわち，arctan の展開式に $\frac{1}{\sqrt{3}}$ を代入して，次のような式を作ります．

$$\frac{\pi}{6} = \frac{1}{\sqrt{3}}\left(1-\frac{1}{3\cdot 3}+\frac{1}{5\cdot 3^2}-\frac{1}{7\cdot 3^3}+\cdots\right)$$

彼はこの公式から，π の値を 72 桁計算しました(1705)．

もっと巧妙な工夫をしたのは，マチン(J. Machin, 1680–1751)です．彼は三角関数のある定理(正接の加法定理)から，次のような関係をみつけました．

$$4\arctan\frac{1}{5}-\arctan\frac{1}{239} = \arctan 1 = \frac{\pi}{4}$$

いいかえれば，

$$\frac{\pi}{4} = 4\left(\frac{1}{5} - \frac{1}{3\cdot 5^3} + \frac{1}{5\cdot 5^5} - \frac{1}{7\cdot 5^7} + \cdots\right)$$
$$- \left(\frac{1}{239} - \frac{1}{3\cdot 239^3} + \frac{1}{5\cdot 239^5} - \cdots\right)$$

これは早くよい値が出ますし，手計算にも向いているので，いろいろな人に愛好され，彼自身もこの公式で100桁まで求めています(1706)．最初の項(1/5)だけで計算しても，$\pi \fallingdotseq 4\times 4\times (1/5) = 3.2$です——表とくらべてください．ためしに少しやってみますと，

$$\frac{1}{5} = 0.2, \qquad \frac{1}{5^3} = 0.008, \qquad \frac{1}{5^5} = 0.00032$$

ここから

$$\begin{aligned} &4\left(\frac{1}{5} - \frac{1}{3\cdot 5^3} + \frac{1}{5\cdot 5^5}\right) \\ &\quad = 4(0.2 - 0.00266\cdots + 0.00006\cdots) \\ &\quad \fallingdotseq 4\times 0.1974 \\ &\quad = 0.7896 \end{aligned}$$

一方

$$\frac{1}{239} = 0.00418\cdots$$

ですから，

$$\begin{aligned} \pi &\fallingdotseq 4\times(0.7896 - 0.0042) \\ &= 4\times 0.7854 \\ &= 3.1416 \end{aligned}$$

このように，四つの項を計算しただけで，

"Yes, I have a number."

が出ました！

乱数とπ

10円玉をはじいて回転させて，どちら向きに倒れるかを観察してみよう．すると，

表，表，裏，表，表，表，裏，裏，…

のような列が得られるであろう．表が出るか裏が出るかはまったく偶然にきまることであるから，この列は規則性のない，乱雑な列になる．

サイコロを使えば，数字の乱雑な列(乱数列という)が得られる．やってみると，

2，6，5，3，5，3，2，…

このような列は，たんなるあそびではなく，統計学などで実際に使用される．たとえば全校生徒から，ヒイキをせずに公平に30人を選びだしたいときには，なるべく"でたらめに"選ぶとよい．そのひとつの方法として，乱数列が使われるのである．つまり，生徒に1, 2, 3, …と番号をつけ，別に用意しておいた乱数列とくらべて，その列にあらわれる番号(にあたっている生徒)を次々と30人選ぶのである．

このようなとき，どうやって乱数列を作るかが問題になる．いちいちサイコロをふるのも面倒なので，ふつうは乱数列の表を利用する．

ところで，円周率πの桁数字の列

3, 1, 4, 1, 5, …

がよい乱数列であるかどうかは，昔からの問題であった．もしこれがよい乱数列なら，乱数表のかわりに，π の値を利用することができる．すると，10 円玉を何回もはじいてどうなるかを観察したいときに，本当に指ではじいてみなくても，たとえば π の桁数字の奇数を表，偶数を裏と書きかえることによって，架空の実験結果をすらすらと書きだすことができる——最初に例示した表・裏の列は，実はこうして作ったものである．また，サイコロの実験の例も，“やってみると”というのは実はウソで，π の小数点以下 5 桁目からさき(9265358…)の，7, 8, 9, 0 をとばして得られる列である．

600 人の中から 5 人を選ぶには，次のようにする．まず，π の値を 3 桁ごとに区切る．

314|159|265|358|979|323|846…

そして，601 より大きな数をとばして，前から 5 個の数を選ぶ．

314, 159, 265, 358, 323

これを選ばれた 5 人の番号にすればよい．

円周率の桁数字には，0 が少ない(小数点以下 32 桁目に，はじめて 0 があらわれる)という偏り(ほんとうに乱雑でない，クセ)が指摘されていた．しかしこれは，最初の 30〜40 桁の偶然のできごとで，もっと先まで調べると，どの数字もわりあい公平にあらわれることが知られている．少なくとも，10 万桁までについてのくわしい分析によれば，π はなかなかよい乱数列であるという．

arctanによってπをあらわす公式は，ほかにもたくさんあります．有名なのをいくつかあげておきましょう．

$$\frac{\pi}{4}=4\arctan\frac{1}{5}-\arctan\frac{1}{239}$$　（マチン）

$$=4\arctan\frac{1}{5}-\arctan\frac{1}{70}+\arctan\frac{1}{99}$$
（ラザフォード）

$$=6\arctan\frac{1}{8}+2\arctan\frac{1}{57}+\arctan\frac{1}{239}$$
（ステルマー）

$$=12\arctan\frac{1}{18}+8\arctan\frac{1}{57}-5\arctan\frac{1}{239}$$
（ガウス）

arctanを使わない公式もたくさんあります．

$$\pi=2\left(\frac{2\cdot 2\cdot 4\cdot 4\cdot 6\cdot 6\cdots}{1\cdot 3\cdot 3\cdot 5\cdot 5\cdot 7\cdots}\right)$$　（ウォリス）

$$\pi=\frac{3\sqrt{3}}{4}+24\left(\frac{1}{3\cdot 2^2}-\frac{1}{5\cdot 2^5}-\frac{1}{2\cdot 7\cdot 2^8}-\frac{1\cdot 3}{(2\cdot 3)\cdot 9\cdot 2^{11}}-\frac{1\cdot 3\cdot 5}{(2\cdot 3\cdot 4)\cdot 11\cdot 2^{13}}-\cdots\right)$$
（ニュートン）

$$\pi^2=12\left(\frac{1}{1^2}-\frac{1}{2^2}+\frac{1}{3^2}-\frac{1}{4^2}+\frac{1}{5^2}-\cdots\right)$$　（オイラー）

$$\pi^2 = 9\left(1 + \frac{1^2}{3\cdot 4} + \frac{1^2\cdot 2^2}{3\cdot 4\cdot 5\cdot 6} + \frac{1^2\cdot 2^2\cdot 3^2}{3\cdot 4\cdot 5\cdot 6\cdot 7\cdot 8} + \cdots\right)$$

(建部賢弘(たけべかたひろ))

$$\pi = 3\left(1 + \frac{1^2}{4\cdot 6} + \frac{1^2\cdot 3^2}{4\cdot 6\cdot 8\cdot 10} + \frac{1^2\cdot 3^2\cdot 5^2}{4\cdot 6\cdot 8\cdot 10\cdot 12\cdot 14} + \cdots\right)$$

(松永良弼(まつながよしすけ))

円周率の魔力は，多くの人々を計算競争に駆りたてました．ニュートンでさえ，円周率の計算にとりつかれたときは，ほかの仕事にしばらく手がつかず，後年「ずいぶんばかげたことをやったものだ」という感想をもらしています．100 年近くも王座にあったルドルフの記録はあっけなく破られ，19 世紀には 200 桁をこし，ついにシャンクス(W. Shanks, 1812–82)の有名な 707 桁に達するのです(1874)．

シャンクスの計算には，途中にすこしあやしいところがありました．それをはっきりさせたのは 20 世紀のファーガソンで，彼は卓上計算機の助けを借りてくわしい計算を行ない，シャンクスの答の 528 桁目から先が誤っていることをたしかめました(1946)．つまり 180 桁も，信用できない部分があったわけで，それでもおよそ 70 年間，だれも困らなかったのかと思うと，ちょっとおかしくなります．

20 世紀にはいって，電子計算機が発明されてからは，計算競争は新しい局面を迎えます．現在の高速計算機なら，1 秒間に(1970 年代ですでに)100 万回をこす加減算をやってのけるのですから，桁数の記録がまた段ちがいに大きくなった

円周率の計算競争(手計算)

人　　名	年度	桁数	注
ニュートン	1665	16	
シャープ	1705	72	
マチン	1706	100	
ド・ラーニュ	1719	127	113 桁目に書き損じ
建部賢弘	1723	41	
松永良弼	1739	51	
ヴェガ	1794	140	
ラザフォード	1824	208	153 桁目から誤り
ストラスニツキイ	1844	200	計算は有名な暗算家，ザカリアス・ダーゼが行なった
クラウゼン	1847	248	
ラザフォード	1853	440	
リヒテル	1855	500	
シャンクス	1874	707	528 桁目から誤り
ファーガソン	1946	710	
ファーガソン	1947	808	

コンピュータによる計算競争

コンピュータ(使用場所)	年度	桁数(*)	所要時間
ENIAC(アメリカ)	1949	2037	約 70 時間
NORC(アメリカ)	1954	3092	13 分
PEGASUS(イギリス)	1957	7480	33 時間
IBM 7090(アメリカ)	1961	10 万(**)	8 時間 43 分
CDC 6600(フランス)	1967	50 万	28 時間
CDC 7600(フランス)	1973	100 万	23 時間 18 分
FACOM M-200(日本)	1981	200 万	137 時間 18 分
HITAC S-810(日本)	1983	1000 万	24 時間以下
CRAY-2(アメリカ)	1986	2936 万	28 時間
IBM 3090(アメリカ)	1989	1 億 111 万	2 か月以上？
HITACHI SR2201(日本)	1997	515 億 3960 万	28 時間 3 分
HITACHI SR8000(日本)	2002	1 兆 2411 億	423 時間 21 分
T2K 筑波システム(日本)	2009	2 兆 5761 億	29 時間 5 分

(*)最後の数桁は不正確，(**)以下は端数切り捨て

のも，あたりまえのことです．参考までに，代表的な結果を表にまとめておきましたから，前の表(多角形を使った結果)とくらべてみてください．なお，最近の結果については，さいごの「岩波現代文庫収録にあたって」をご覧ください．

［補足］ 114 ページで紹介した，π を表すきれいな公式

$$\frac{\pi}{4}=1-\frac{1}{3}+\frac{1}{5}-\frac{1}{7}+\frac{1}{9}-\cdots$$

は，ヨーロッパで最初に発表したライプニッツに因んで「ライプニッツの公式」として広く知られていますが，そのもとになった 113 ページの公式(12)をすでに発見していたグレゴリーも，当然気がついていた，という説もあります．しかしギリシア流の“厳密さ”にとらわれず，マイナスの数や無限級数を早くから取り入れていたアジアでは，南インドのマーダヴァ(1340？-1425)がすでにこの公式を発見していました．グレゴリーより 200 年以上早かったわけですが，そのあと天文学・力学の発展と結びつかなかったために，そこで終わってしまったのは実に惜しいことでした．

第5章

円積問題の結末

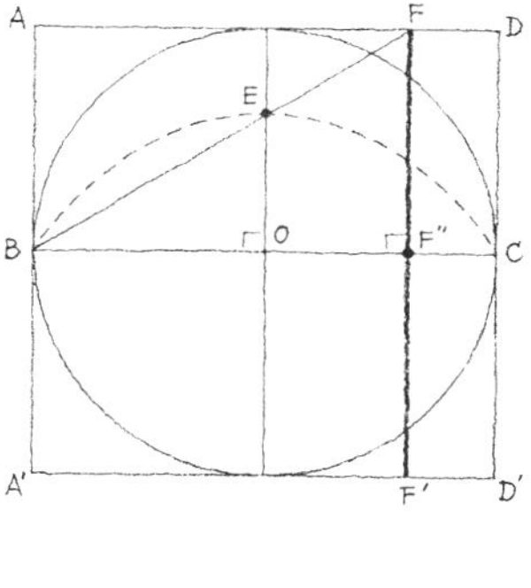

古い問題，新しい問題

ギリシア以来の難問，円積問題——与えられた円と同じ面積をもつ正方形が，定規とコンパスだけを使って作図できるか——は，ニュートン・ライプニッツの微積分学によっても，解決することができませんでした．しかし，解決の重要な第一歩は，すでにデカルトによってふみだされていました．

デカルトは，彼のとくいな座標の方法で，定規とコンパスによる作図の性質を調べました．そして，次の定理を発見したのです．

定理　定規とコンパスだけを使って作図できる長さ s は，最初に与えられている長さ $a, b, c, \cdots$ (有限個)から，加減乗除と平方根($\sqrt{}$)を求める操作を何回か(有限回)使って，あらわすことができる(逆も成りたつ)．

たとえば，長さ1が与えられれば，

$$2,\ 3,\ 4,\ \cdots$$

のような自然数(を長さとする線分)や，

$$\frac{1}{2},\ \frac{355}{113},\ \frac{1146408}{364913}$$

のような有理数が作図できます(第1章の図7(b))．また，平方根を作図で求めることもできる(同図7(d))のですから，

$$\sqrt{2},\ 3-2\sqrt{2},\ \frac{1+\sqrt{\dfrac{7}{2}-\dfrac{5}{13}\sqrt{5}}}{\left(\dfrac{3}{\sqrt{2}}\right)+\left(\dfrac{\sqrt{2}}{3}\right)} \qquad (1)$$

など，平方根をふくむ分数式(いくら複雑でもよい)であらわされる長さも作図できます．一方，3乗根

$\sqrt[3]{2}$　($a^3=2$ となる数 a をあらわす)

などは，上のような分数式ではあらわせないので，これを定規とコンパスだけで作図することは，絶対にできません．

さて，円周率 π の値が，(1)のような(平方根をふくむ)分数式であらわせるとしましょう．すると，長さ1の線分から出発して，長さ π の線分が作図できるはずです．そこで，20ページの図7(c)を利用すれば，面積 π の正方形が(定規とコンパスだけで)作図できます――つまり“円積問題が解ける”わけです．

逆に，半径1の円が与えられたとき，それと同じ面積の正方形――つまり，1辺の長さが $\sqrt{\pi}$ の正方形――が，定規とコンパスだけで作図できるとしましょう．すると，

$$\pi=\sqrt{\pi}\times\sqrt{\pi}$$

ですから，長さ $\sqrt{\pi}$ が作図できるなら，長さ π も作図できるはずです．そうだとすれば，π の値を(1)のように分数式であらわすことができるはずです．もう少しきちんというと，次のとおりです．

円周率 π は，ある整数に加減乗除と平方根を求める操

作だけを(有限回)適用した，(1)のような分数式によってあらわすことができる⁉ (2)

これが正しいかどうかが，円積問題のキメ手です．このようにして，作図の問題が，“π はどんな数か？”という問題におきかえられました．

ここで，次のような問題が発生します．

(A)　π は，有理数か？

(B)　π は，適当な整数係数の方程式

$$\square+\square x+\square x^2+\cdots+\square x^{\square}=0$$

の解になるか？

(C)　π は，有理数係数の適当な“無限和の方程式”

$$\square+\square x+\square x^2+\square x^3+\square x^4+\cdots(\text{無限に続く})=0$$

の解になるか？

有理数 (p/q) は，整数から割り算だけで求められます．ですから，問題(A)の答がもし“イエス”なら，円積問題が解けることになります．一方，(1)のような分数式であらわされるどんな数も，必ずある(整数係数)方程式の解になっています．そのことの証明はむずかしいのでしませんが，たとえば

$$x=3-2\sqrt{2}$$

は，

$$(x-3)^2=8$$

のひとつの解になっています．いいかえれば，

$$x^2-6x+1=0$$

このため，もし問題(B)の答が“ノー”なら，性質(2)も正しくない——1辺が$\sqrt{\pi}$の正方形は，作図できない——ことになります．

問題(C)は一番早く解けました．答は“イエス”で，πはたとえば次の方程式の解になっています．

$$x-\frac{1}{1\cdot2\cdot3}x^3+\frac{1}{1\cdot2\cdot3\cdot4\cdot5}x^5-\frac{1}{1\cdot2\cdot3\cdot4\cdot5\cdot6\cdot7}x^7+\cdots=0$$

これにくらべて，問題(A)，(B)はずっと手ごわく，時間がかかりました．しかも，今までふれてなかった無限(連)分数の研究が必要だったので，私たちもその入り口だけをながめておきましょう．

連分数と円周率

連分数というのは，

$$1+\cfrac{1^2}{2+\cfrac{3^2}{2+\cfrac{5^2}{2+\cfrac{7^2}{2+\cfrac{9^2}{2+\cfrac{11^2}{2+\cdots}}}}}}$$

という形の分数のことです．特に各部分の分子が1で分母がしだいに大きくなるもの，たとえば

$$\cfrac{1}{1+\cfrac{1}{6+\cfrac{1}{10+\cfrac{1}{14+\cfrac{1}{18+\cdots}}}}}$$

などは，“…”の部分を途中で打ち切ったときの誤差が小さいので，数値計算の上でも興味をもたれる式です．

さて，私たちに関係の深い有名な連分数は，次のふたつです．ひとつは，$y=\arctan x$ のとき

$$x=\cfrac{1}{(1/y)+\cfrac{1}{(3/y)+\cfrac{1}{(5/y)+\cfrac{1}{(7/y)+\cdots}}}} \qquad \text{(オイラー)}$$

となるもので，もうひとつは

$$\pi=3+\cfrac{1}{7+\cfrac{1}{15+\cfrac{1}{1+\cfrac{1}{292+\cfrac{1}{1+\cfrac{1}{1+\cfrac{1}{1+\cfrac{1}{2+\cfrac{1}{1+\cdots}}}}}}}}} \qquad \text{(ランベルト)}$$

です．

スイスの数学者ランベルト(J. H. Lambert, 1728–77)は，オイラーの公式から出発して，次の定理を証明しました．

定理　x が 0 でない有理数ならば，

$$\arctan x$$

は有理数でない．

ここからただちに，

$$\frac{\pi}{4} = \arctan 1$$

が有理数でない(すなわち，無理数である)ことがわかります．こうして，問題(A)の答が“ノー”であることがわかりました(1766)．

π を上のような連分数であらわしたのも，同じランベルトです．これはなかなかおもしろい式で，途中で打ち切ることによって，昔から有名な近似値がぞろぞろ出てきます．たとえば最初の 3 だけとれば，これは『旧約聖書』にも出てくる古い値で，次の $\frac{1}{7}$ までとると，アルキメデスが求めた値(不等式の，大きい方の値)

$$3+\frac{1}{7} = \frac{22}{7} \doteqdot 3.14$$

になります．これはまた，古代中国で約率(概略の値)として知られていた値でもあります．もっと続けると，

$$3+\cfrac{1}{7+\cfrac{1}{15}} = \frac{333}{106} = 3.1415\mathbf{09}\cdots$$

(アントニゾーン)

オイラー小伝

オイラー(L. Euler, 1707–83)は，スイスのバーゼルに生まれた大数学者である．彼の著作が多いことは数学史上，群をぬいていて，彼の全集は45巻にもなる(これを発行するのに，100年以上かかり，オイラー会社という全集刊行のための会社を作って，ようやく完成されたということである)．

彼は計算の名人だったので，円周率についても多くの貢献をしている．たとえば

$$\frac{\pi}{4} = \frac{7}{10}\left(1+\frac{2}{3}\left(\frac{2}{100}\right)+\frac{2\cdot4}{3\cdot5}\left(\frac{2}{100}\right)^2 + \frac{2\cdot4\cdot6}{3\cdot5\cdot7}\left(\frac{2}{100}\right)^3+\cdots\right) + \frac{7584}{100000}\left(1+\frac{2}{3}\left(\frac{144}{100000}\right)+\frac{2\cdot4}{3\cdot5}\left(\frac{144}{100000}\right)^2 + \frac{2\cdot4\cdot6}{3\cdot5\cdot7}\left(\frac{144}{100000}\right)^3+\cdots\right)$$

という公式を作って，「これで計算すれば，円周率の30桁ぐらい，1時間で求められる」といっている．また，π についてのみごとな公式

$$e^{\pi\sqrt{-1}} = -1$$

(e はある定数，2.7182818…)も，彼が発見したので，**オイラーの定理**と呼ばれている．記号 π も(彼が最初ではないが)オイラーによって広められた．

オイラーは，28歳で右目を失明し，64歳には完全に盲

人になったが，77 歳で死ぬまぎわまで，計算を楽しんでいたという．ひと休みして，お茶をのんでいるときに突然パイプを落とし，「もう死ぬよ」といったのが最後であった．そして彼は，「生きることと計算することをやめた」(コンドルセ)のであった．

$$3+\cfrac{1}{7+\cfrac{1}{15+\cfrac{1}{1}}}=\frac{355}{113}=3.141592\mathbf{92}\cdots$$

これは有名な密率で，簡単なわりに精密なので，多くの数学者に(再)発見され，実用家にも愛用された数字です．

以下，

$$\frac{103993}{33102},\quad \frac{104348}{33215},\quad \frac{208341}{66317},\quad \cdots$$

と続きます(これらの値は江戸時代の数学者，建部賢弘(たけべかたひろ)などによっても知られていたそうです)．このさき，10 番目の値を計算すると，次のようになります．

$$\frac{1146408}{364913}=3.141592653\mathbf{91}\cdots\quad (\text{正しい値は，}\mathbf{89}\cdots)$$

計算が好きな人は，20 番目，25 番目の値を計算して，正しい値とくらべてみてください．

$$\frac{14885392687}{4738167652},\quad \frac{8958937768937}{2851718461558}$$

π は超越数である

実際家にとっては，円と同じ面積の正方形(あるいは長方形)を作ることなど，何でもないことです．たとえば，半径 r，厚さ $\frac{1}{2}r$ の車輪を作り，平面の上で 1 回転ぶんころがすと，その車輪が通過した部分は，縦 $2\pi r$，横 $\frac{1}{2}r$ の長方形になるはずです．そしてその面積は，

$$(2\pi r)\times\left(\frac{1}{2}r\right)=\pi r^2$$

ですから，半径 r の円の面積にぴったり一致します．これはまさに，昔レオナルド・ダ・ヴィンチが考えた方法でした(図 1)．

車輪が“不正確だ”という潔癖な人には，ヒッピアスの曲線(quadratrix)を使うことをおすすめします．これは，図 2 に示すようななだらかな曲線ですが，

$$\frac{\mathrm{BO}}{\mathrm{EO}}=\frac{\pi}{2}$$

という性質があるので，これを使って“円と同じ面積の長方形”を作図することができます(図 3)．

アルキメデスも別の曲線(spiral)(第 1 章の図 8)を使って，同じようなことをやってみせました．長方形をそれと同じ面積の正方形になおすことは，定規とコンパスだけでできますから，これで“円の正方形化”ができたことになります(図 4)．

ところで，ヒッピアスの曲線を正確に描くのは，なかなか

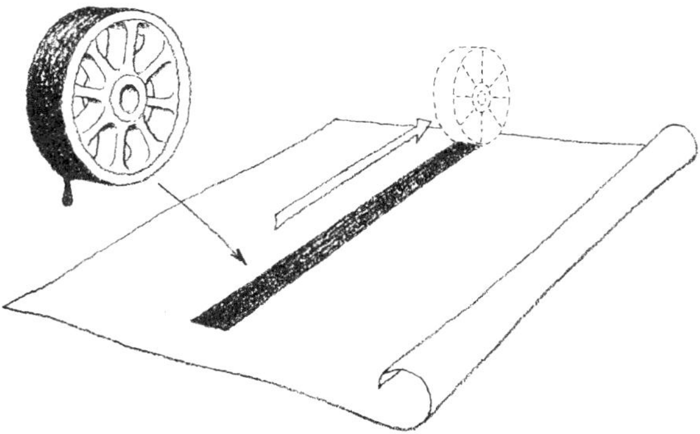

図1 レオナルド・ダ・ヴィンチが考えた方法 半径1，厚さ1/2の車輪のまわりにたっぷりペンキをぬって，平らな紙の上を1回転させれば，“円の長方形化”ができる！

むずかしいことです．そもそもそれがどんな曲線であるかというと，それは，図5のように運動する線分 l, l' の，交点が描く曲線です．

線分 l は，ABに平行で，下端がBCの上を通るように，同じ速度でDCまで動きます．そのあいだ線分 l' は，一端をOに固定したまま，時計の針のように，同じ速度でBからCまで回転します．そして l と l' とは，同時に出発し，同時にゴールにつくとしますと，それらの交点Pは，ちょうど図5のような曲線にそって動くのです．ですから，動く横木と針とをもった，うまい機械を作ってやれば，ヒッピアスの曲線を正確に描けるはずです．

ある人々(とくに哲学者アリストテレス)は，このような曲

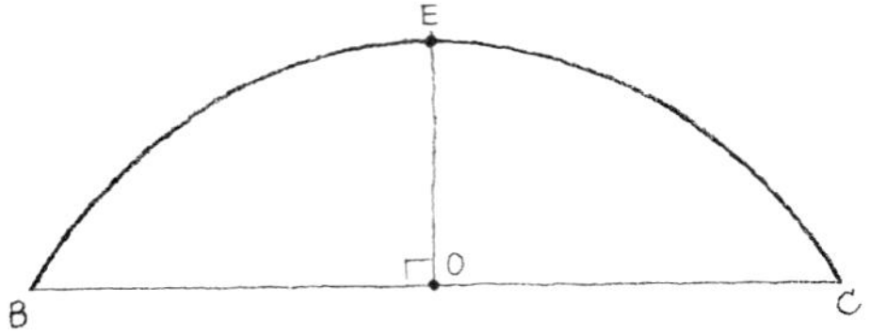

図 2　ヒッピアスの曲線　左右同形のアーチのような形である．BC の中点 O から BC に垂直にひいた直線が，この曲線と交わる点を E とすると，E は曲線の中点で，$\frac{\mathrm{BO}}{\mathrm{EO}}=\frac{\pi}{2}$ という性質がある．

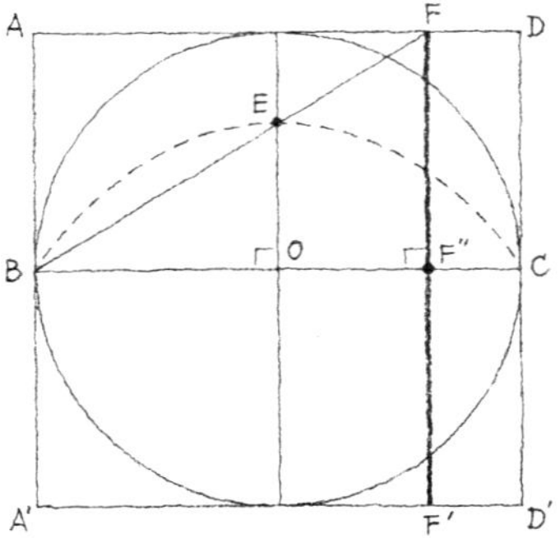

図 3　ヒッピアスの曲線を使った“円の長方形化”　与えられた円を 4 等分して外接四辺形 AA′D′D を描く．そして直径 BC の上にヒッピアスの曲線を描き，その中点を E とする．さて，B から E に直線をひき，AD との交点を F とする．また，F から BC と直角に交わる直線をひき，A′D′ との交点を F′ とすれば，

四辺形 AA′F′F の面積 = 与えられた円の面積

〔証明〕　$\mathrm{AA'}\times\mathrm{A'F'}=2r\times\mathrm{BF''}=2r\times\left(\mathrm{FF''}\times\frac{\mathrm{BF''}}{\mathrm{FF''}}\right)$

$=2r\times\left(r\times\frac{\mathrm{BO}}{\mathrm{EO}}\right)=2r^2\times\frac{\pi}{2}=\pi r^2$

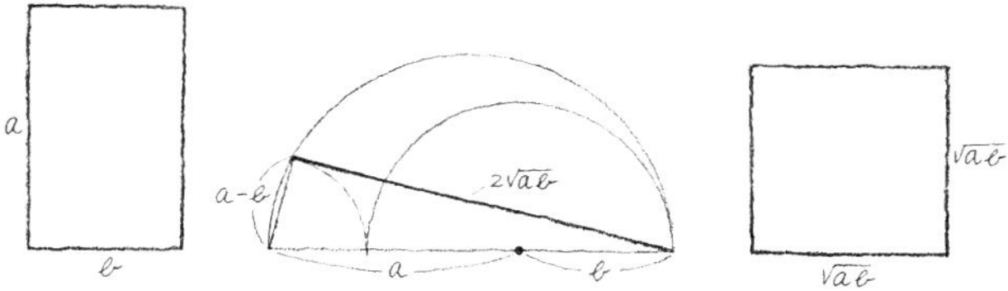

図 4　長方形の正方形化　縦 a，横 b の長方形を同じ面積の正方形になおすには，$(a+b)$ を斜辺とし，$(a-b)$ を他の 1 辺とする図のような直角三角形を作図すればよい．すると，第 3 の辺の長さが $2\sqrt{ab}$ になる．そこで，その半分 $\sqrt{ab}$ を 1 辺とする正方形をつくれば，それが求める正方形である．

線を使うことが気に入りませんでした．それは，機械を軽べつし，純粋理論を重んじたためといわれますが，当時の機械技術を考えれば，正確な道具は定規とコンパスしかなかったのです．いいかえれば，

定規とコンパス“だけで”作図する

ということは，

あくまで正確に作図する

という精神のあらわれとみることができますし，そう考えればなるほどと，うけいれやすいでしょう．

さて，理由はとにかく，定規とコンパス“だけで”問題を解こうとしますと，それは実は不可能なのです．しかも“不可能である”ということの証明がまたひじょうにむずかしくて，古代ギリシアの時代から 2000 年以上も解けませんでした．ようやく 19 世紀にはいってから，ドイツの数学者リンデマン(F. Lindemann, 1852–1939)が，次の事実を証明して，

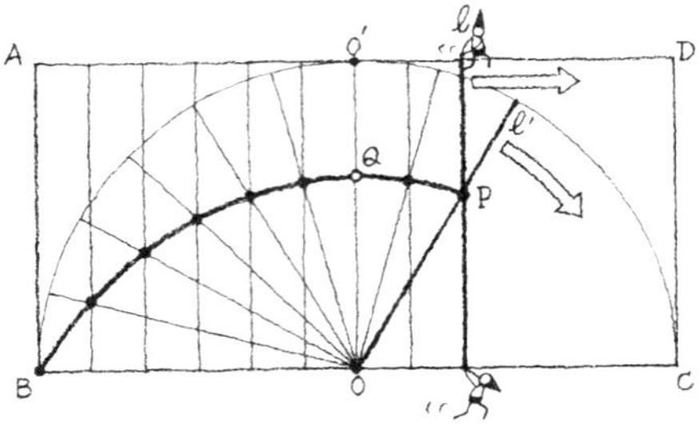

図5　ヒッピアスの曲線の描き方　BC＝2·AB であるような長方形 ABCD を考える．BC の中点を O とし，AD の中点を O′ とする．このとき，運動する線分 l と l' との交点を P とすると（本文参照），P はヒッピアスの曲線を描く．この曲線は，O′O を境にして，左右同形（対称）になる（なお，l が O′O にきたとき，l' も O′O にくるので，そのときは全く重なってしまう．点 Q は，両側の曲線がつながるように選ぶのである）．

古来の難問をかたづけてくれました（1882）．

定理　円周率 π は，どのような整数係数・有限次数の方程式の解にもならない．

つまり，130 ページに述べた問題（B）（π は，適当な整数係数の方程式の解になるか？）に対して，ノーという答が出たわけです．したがって，前に述べたように，円積問題を定規とコンパスだけで解くことは不可能なのです．

どのような（整数係数・有限次数の）方程式の解にもならない数のことを，**超越数**といいます．リンデマンは，“π が超越数である”ことを証明したわけです．

なお，ギリシアの他の難問（角の3等分，立方体の倍積）についても，定規とコンパスだけでは解けないことが証明されています(1837)．三大難問のなかで，円積問題がさいごに解けたわけです．

このように解決がつくまでに，円積問題は実に多くの人々の頭を悩ませました．そもそものはじまりは，一説によれば，古代ギリシアの数学者アナクサゴラス(Anaxagoras, B.C. 500?-428)が，不信心の罪で牢屋に入れられたときに，退屈まぎれに考えたのだそうですが，ヒポクラテスが失敗した(それでも例の“月”をみつけましたが)のをはじめ，ヴィエトなども手を出したことがあるようです．また，だれにもわかりやすい問題ですから，アマチュア数学者も大勢これにとりつかれ，失敗を重ねました．なかには誤って“円の正方形化”に成功したと思いこむ人も多く，1775年にはフランス学士院は，その種の論文を一切うけつけないことにしたくらいです．リンデマンの証明が発表されてからも，それを知らなかったり誤解したりして，あいかわらず研究を続ける人がいました．そういう人たちの気の毒な失敗談は，ベックマンという人の本にたくさん集められていますが，面白いのをひとつだけ引用しておきましょう．(P. Beckmann, *A History of π*, The Golem Press(1971)．邦訳：『πの歴史』田尾・清水訳，ちくま学芸文庫)

アメリカはインディアナ州のグッドウィンさんは，円を正方形になおす(まちがった)作図法を“発見”し，これまでの数学は全部誤りであると思いこみました．そこで彼は，インディアナ州の新しい法律を制定して，この新知識を利用するものから使用料をとろうと考えたのです．彼の法案は巧妙で，“インディアナ州政府だけは，この知識を無料で，自由に，教育のために役立ててよい”ことになっていましたから，反対する議員はだれもおらず，1897年2月5日に，州議会の下院はこの法案を満場一致で可決しました！

幸か不幸かこの法案は，ある偶然から専門の数学者の目にふれ，上院を通過することはできませんでした(ふつうなら，すらすら通ってしまうところだったのです)．

このように，見かけはやさしくても，数学の知識のおそろしい積みかさねの上にたって，はじめて解ける問題もあるのです．ここではくわしく述べられませんでしたが，円積問題を解くためには，ヴィエトの代数学以来，デカルト，オイラー，ガウス，エルミートなどという偉大な数学者の重要な仕事があり，その上にたってはじめて，リンデマンが“とどめの一撃”を加えたのだということを，とくに強調しておきたいと思います．

第6章

円周率のかげに

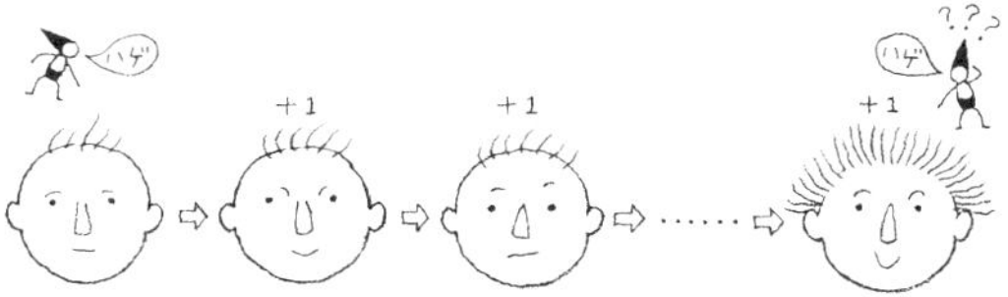

長さとはなにか？

私達は，円周率について，ひととおりのことを学びおわりました．けれども，ひじょうにだいじなことで，今までとりあげずにきた問題があります．それは，

長さとはなにか，面積とはなにか，

ということです．

大昔の人たちは，なんとなく，直線は点のあつまりで，点とは“とても小さい砂粒のようなもの”と考えていたようです．時間の流れも，“一瞬，一瞬”がつぎつぎと並んだ，鎖のようなものと考えていたのでしょう．そうだとすれば，線分の長さとは，基本的には“その中にある点の個数”ということになります．ピタゴラスの標語

万物は数である

は，このような素朴な考えをいいあらわすのに，実にぴったりする言葉です．

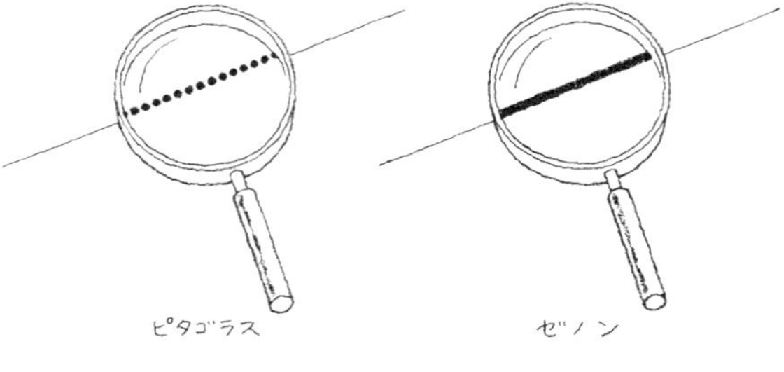

このような考えには，しかしながら，ぐあいのわるいところがありました．早い話が，ゼノンがいうように，“アキレスはカメに追いつけない”ことになってしまうからです．

ゼノン(Zenon, B.C. 490?–430?)は，エレア学派の哲学者ですが，“存在するものは連続一体である”という説を論証するために，次のような逆説(パラドックス)をもちだしました．

「足の早いアキレスが，足のおそいカメを追いかける．アキレスが，カメの最初の位置(点)についたときには，カメは，おそいながらも，もうすこしさきにいるであろう．アキレスがその新しい点についたときには，カメはまたすこしさきにいる．こうして，カメのいた点にアキレスがついたときには，いつでもカメはそのすこしさきに進んでいるので，カメが休まずに進み続けるかぎり，アキレスは絶対にカメに追いつけない．」

実際，アキレスがカメに追いつくまでには，アキレスはカメのいた点を，つぎつぎと限りなく通過するのはたしかです．そして，点がどれもおなじ“小さな砂粒”だとすれば，無限の砂粒は無限の長さをもつわけで，アキレスはどこまで行ってもカメに追いつくことができません(時間についても同じ議論ができますが，またあとでふれます)．

しかし，現実には，アキレスはカメに追いつくではないか！——これがゼノンのいいたかったことです．話のどこかがまちがっているはずだ．どこかといえば，存在するものが連続一体(かつ不変不動)であることを認めず，小さな点のあつまり(とか運動)などを考えたところである….

これは，カッコの中を省いて読めば，もっともなことで，たしかに“小さい点”という考えの，痛いところを突いています．ただ，おしいことにゼノンたちは極端に走って，“運動を論ずることは意味がない”と考えてしまったのですが，それは空間の概念さえまだ不十分だった時代のことですから，無理もないことのように思えます．

“小さな点”という考えには，もうひとつ致命的な欠点があります．それは，もしそれが正しいとすると，ふたつの線分の長さの比は，それぞれの中にある点の個数の比ですから，かならず

$$\frac{m\,(\text{個})}{n\,(\text{個})}$$

という有理数であらわされるはずです．ところが，図1のよ

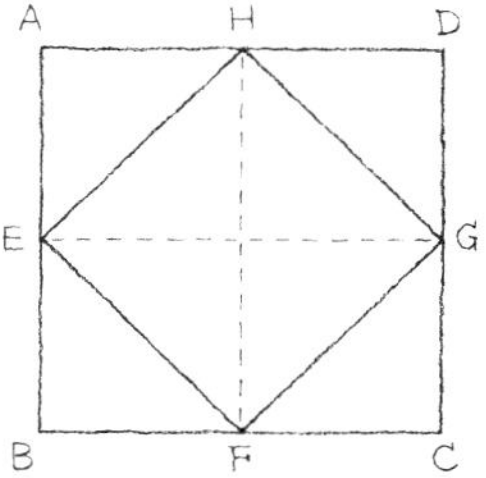

図1　無理数の比を目で見よう　正方形ABCDを線分EG，FHで図のように4等分し，またE，F，G，Hをつなぐ正方形を描いてみる．同じ形の直角三角形が8個あらわれるが，そのうち4個で正方形EFGHができている．したがって，正方形ABCDの面積は，正方形EFGHの面積のちょうど2倍である．いいかえれば，

$$\mathrm{AB}^2 = 2 \cdot \mathrm{EF}^2$$

したがって

$$\frac{\mathrm{AB}}{\mathrm{EF}} = \sqrt{2}$$

となり，長さAB，EFの比が，有理数にならないことがわかる．

$\sqrt{2}$ は無理数である

分数 $\dfrac{m}{n}$ の形にあらわされる数，たとえば $\dfrac{355}{113}$，$\dfrac{6}{2}(=3)$ などを，有理数といい，そうでない数を無理数という．たとえば $\sqrt{2}$，π，また小数

$$c = 0.101001000100001\cdots(\text{無限に続ける})$$

などは，どれも無理数である．

これらの中で，$\sqrt{2}$ が無理数であることは，わりあい簡単に証明できる．それには，$\sqrt{2}$ がかりに“分数の形にあらわせる”として，

$$\sqrt{2} = \frac{m}{n}$$

とおいてみるとよい．すると，すぐに困ったことになり，“そんなことはありえない”ことがわかる．実際，もし上の式が成りたつなら，右辺を約分して，m と n には共通の約数 (>1) がないと考えてもさしつかえないであろう．そうしておいて，両辺を 2 乗し，n^2 を移項すると，次の式が出てくる．

$$2n^2 = m^2$$

さて，左辺は偶数であるから，m も偶数でなければならない(一般に，奇数の 2 乗は奇数である)．そこで

$$m = 2k$$

とおいて，これを右辺に代入すると，

$$2n^2 = 4k^2$$

つまり

$$n^2 = 2k^2$$

すると，n も偶数でなければならない —— しかし，m, n は約分しておいたはずだから，両方とも偶数(2 で約せる)ということはありえない

このように，$\sqrt{2}$ は分数の形にあらわせるはずがないので，無理数でなければならない．

なお，有理数を小数であらわすと，かならず循環小数になる(あるところからさき 0000… になるものも含む)．たとえば $\dfrac{355}{113}$ の割り算を実行すれば，あるところで割りきれて余りが 0 になるか，さもなければ，(余りはどれも 113 より小さいのだから)割っていくうちにいつかは前と

おなじ余りが出てくるであろう．そしてそこからさきは，(前におなじ余りが出たところから)おなじ数字がくり返し並ぶはずである($\frac{3}{7}$ などでやってみるとよい)．このことから，循環しない無限小数，たとえばさっきの c などが有理数でないことがわかる．

うに組みあわされたふたつの正方形の，辺の長さ AB と EF との比を考えますと，それは

$$\frac{\mathrm{AB}}{\mathrm{EF}} = \sqrt{2}$$

という無理数になってしまい，有理数にはなりません．

無理数比を発見したのは，ピタゴラス派の功績ということになっています．しかしそれが，ピタゴラスの“万物は数である”という標語をゆさぶることになったのは，皮肉なことです．伝説によれば，無理数比の発見者は異端として処刑され，海に沈められたということですが，ずいぶん気の短いことをするもので，もし本当だとしたら，おそろしいことです．

ユークリッドの時代になると，点とは位置のことであって，大きさがない(部分をもたない)ものであるという考えがはっきりしてきました．また，直線とは幅のない長さで，点がその上に一様にならんでおり，またどちらの方向にもいくらでも(無限に)延長できる，というようなことも，『原論』の定義や公準にはっきり書かれています．

このような考えに，いつごろどのようにして到達したのか

は，よくわかっていないようです．しかし，多くの人の新しい考えが積み重なってできたことだけはたしかなので，たとえば，“なにもない空間”の中の，“位置だけあって大きさのない点”を考えるということは，つまり“物のなにもない空(くう)にも存在性を認める”ということで，“思いきった思想的冒険”といわれるところです．また，“無限の彼方”を考えることをおそれ，地の果てには神々の国やおそろしい滝や，あるいは暗雲と混沌があるとした人々の中で，“直線を無限に延長できる”といいきるまでには，やはり天才と(慣れるまでの)時間とが必要だったのではないか，と思われます．

いずれにしても，ユークリッドのように考えると，長さと点の個数とが無関係であることがわかります．それは，図2のような，点どうしの“1対1の対応”を考えてみれば，はっきりするでしょう．この例から，点(0次元)をただよせあつめただけでは直線(1次元)は決まらないので，直線を指定し

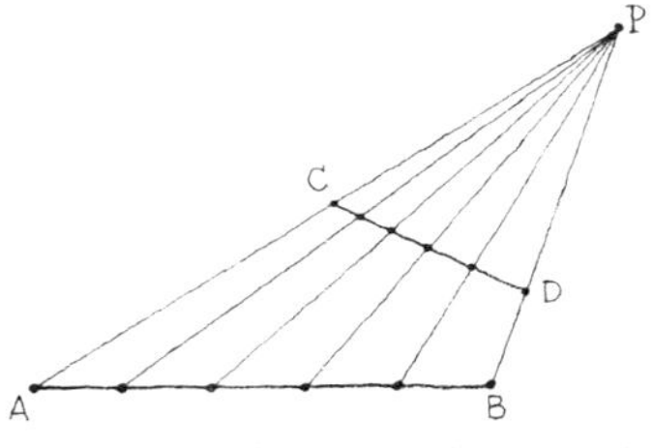

図2　どんな直線も，同じ個数の点をふくむ　ある点Pから放射する直線によって，AB上の点とCD上の点とを対応させると，AB上のすべての点が，CD上のすべての点と，1対1にもれなく対応する．

てはじめて，“あつめかた”(長さ)がきまるのだ，ということもわかります．

けっきょく，直線の長さは直線(長さ1の線分)で測らなければなりません．そこですぐ問題になるのは，曲線の長さです．これについては今までわざとふれていなかったのですが，よい機会ですから，ここでとりあげてみることにしましょう．

これまでの計算の問題点

曲線のだいたいの長さを測るには，その曲線上のいくつかの点(分点)をつないだ，折れ線の長さを測ればよいでしょう(図3)．分点の数をふやせば，折れ線の長さは，曲線の長さ(もしあれば)にいくらでも近づくと考えられます．また，微積分法を活用すれば，正確な値を式で書きあらわすこともできます．

しかし，そのような計算は，曲線の“長さ”というものがすでにあるとしての話です．ところが，数学が進歩するにつれて，いろいろ変わった曲線も発見されてきました．たとえ

図3　曲線の折れ線近似　折れ線の長さを測れば，曲線の長さのだいたいの値がわかる．分点のとりかたを細かくすれば，いくらでも正確な値が求められるであろう．

ば，ある正方形の中を完全にぬりつぶしてしまう(その正方形内の，すべての点を通過する)ような，ひとつの曲線があることもわかっています(ペアノ曲線と呼ばれます)．そうしてみると，曲線の長さとか，曲線図形の面積とかいっても，“はじめからある”ときめてかかるのは，そうとう危険なことなのです．

前に私たちは，図形の面積というものが“ある”として，それを記号

$$\int_a^b f(x)\,dx$$

であらわしました．そして，その値を求める手段として，区分求積法を説明しました．しかし，面積があるのかないのか，不確かだとすると，みかたを完全に逆にしなければなりません．すなわち，まず区分求積法でいくつかの値

$$\alpha,\ \beta,\ \gamma,\ \cdots$$

を算出してみます．そして，区分のしかたを細かくしていくとき，これらの値がある一定値に近づいてゆくかどうかを観察するのです．

もし $\alpha, \beta, \gamma, \cdots$ の値が，ある一定値 ω に近づいてくれるなら，その ω こそ，その図形の面積であるとみなしてよいでしょう．一方，もしそのような一定値 ω が存在しなければ——その図形は“面積をもたない”のです！

長さについても，同じようなことが起こります．この場合も，折れ線の長さ

$$a,\ b,\ c,\ \cdots$$

が，ある一定値 w に近づくかどうかをよくたしかめなければなりません．

けっきょく私たちは，“近づく”とか“近づかない”とかいうことを，もっと慎重に考えなおさなければなりません．

区分求積法で求めた面積の近似値
（0, 1 の間を N 等分して，中央法で計算した）

区間の数 N	(a)	(b)
5	0.33	3.5746
10	0.3325	4.2665
15	0.3329666…	4.6717
20	0.333125	4.9593
100	0.333325	6.5687
500	0.333333	8.1781
1000	0.33333325	8.8713
10000	0.3333333325	11.1739
100000	0.333333333325	13.4764

(a) $\int_0^1 x^2dx$,　(b) $\int_0^1 \frac{1}{x}dx$

(a)は N を大きくするにつれて 1/3＝0.3333… に近づく（誤差は $1/(12N^2)$）．一方，(b)はどんどん大きくなるばかりで，限りがない．(b)は面積が“無限大”になる例である．

近づくということ

1を3で割ると，

$$0.33333333\cdots$$

となり，3がどこまでも続きます．つまり，

$$\frac{1}{3} = 0.33333333\cdots$$

これではじめて“無限”の列に出会って，奇妙な感じをもった人も，慣れてしまえば，両辺が“等しい”ということには，あまり驚かなくなるようです．しかし，この両辺を3倍した等式

$$1 = 0.99999999\cdots$$

には，首をひねる人もいるようです．

“9をどこまで続けても，1より小さいのだから，無限に続

けても1になるはずがない．”

あなたはどう考えますか？　『不思議の国のアリス』で有名なルイス・キャロル(本名 C. Dodgson，1832–98)は，次のようなことをいっています．

> 「ある変量が一定の値に，いくらでも近づくなら，その変量はその一定値に等しい――という考えは，私には理解できない．……差をへらしただけで，0にしたわけではないのだから．」(W. ウィーバー『キャロル』，現代数学の世界4，『数学者の世界』講談社，p. 173)

問題は，これらの無限小数が，“何を意味しているか”ということです．とくに，“…”のところは，どういう意味なのでしょうか？　9なら9を，“どんどん続けてゆく”という“動作”をあらわすのでしょうか？　それとも，9(あるいは3)を，“無限に並べたもの”という“結果”をあらわすのでしょうか？

第一にはっきりさせておきたいことは，これらのどちらが正しいかが，自然にきまっていることではなくて，

私たち人間がきめなければならない

ということです．最初にどうきめるかは自由なので，たとえば1を3で割ると，“どこまでも3が続いて，割りきれない”という“状況”をあらわすのに，

$$0.33333333\cdots$$

という表現を使うのだ，ときめてもよいでしょう．しかし，そうだとすると，

無限について

「無限」という言葉は，限りが無いという意味をあらわしている．たとえば広々した海や，晴れわたった青空のように，“限りなく広がる”というイメージがぴったりするのも，そのせいであろう．国語辞典で調べてみると，“ひじょうに大きい(あるいは多い)”という意味にも使われるようである——「無数」という言葉と，似たところもあるらしい

数学者が無限というときにも，このような無制限(の有限)を意味することがある．たとえば，

$$1+\frac{1}{4}+\left(\frac{1}{4}\right)^2+\cdots+\left(\frac{1}{4}\right)^n$$

という式の，$n=1, 2, 3$ 等々の場合を次々と考え，n をドンドン無制限に大きくしたらどうなるか，を調べるときに，“n を無限に大きくしたら”などという(“n を無限大にもってゆくと”という人もいる)．このように無制限に動く有限 n を，“仮無限”ということがある．

一方，完成された，静かで動かない無限(“真無限”)を考えることもある．目の前の線分が“無限個の点を含んでいる”というときは，まさにこの真無限である——有限個の点がドンドンふえていくという状態ではなくて，無限個の点が，すでに目の前にあるではないか！

では

$$1+\frac{1}{4}+\left(\frac{1}{4}\right)^2+\left(\frac{1}{4}\right)^3+\left(\frac{1}{4}\right)^4+\cdots$$

$$0.99999999\cdots$$

などの“…”は，どちらの無限をあらわすのだろうか？ これが本文の長い長い議論の核心であるが，これらはどちらも真無限をあらわす(無限に並べた，その結果)と考えるとよい――これを仮無限と考えるから，

$$0.99999999\cdots < 1 \quad ?$$

など，いろいろな疑問が生ずるのである．

しかし，$(1/4)^n$ や 9 などを本当に無限に“並べきる”ことはできない．そこで，無限に並べた結果の値を知るために，“ドンドンさきに進める”途中の値の変化を調べなければならない．いわば，仮無限を通して，真無限を調べるのである．この点が，無限の列(の極限，収束)の話の，誤解されやすいところらしい．

人生は有限である．これは，無限にくらべれば，ゼロにも等しい．しかしもし人生が無限だったら，人間は無限に(これは仮無限？)怠惰になるであろう．やはり，人生は有限だからこそ，大切にしなければならないもののようである．

$$\frac{1}{3} = 0.33333333\cdots$$

のように，ほかの数値と“等しい”とおくことはゆるされなくなります．いいかえれば，“状況をあらわす”ときめてしまうと不便なので，やはり何かの“結果(数値)をあらわす”ことにした方が，計算にも使えますし，便利なことが多いのです．では何の結果かといえば，

0.33333333…

$= 0.3+0.03+0.003+0.0003+\cdots$（無限に続ける）

0.99999999…

$= 0.9+0.09+0.009+0.0009+\cdots$（無限に続ける）

ときめるのがよいでしょう．つまり，0.9999… などは，0.9, 0.09, 0.009, … などを，

理想的に，“全部”加えた答

をあらわす，と考えるのです．

しかし，無限の項を，“全部加え終わる”などということが，できるでしょうか？　もちろん，できるはずがありません！ですから，私たちは，“理想的に，全部加えた答”という言葉の意味を，（行動によらず，言葉で）きめてやらなければならないのです．ただ，あとで“ごまかされた”と思わないように，“全部加えた答”の実例を，目で見ておきましょう．

もう一度，ゼノンの逆説を思いだしてください．アキレスは，いつカメに追いつくでしょうか？　話をはっきりさせるために，アキレスは毎秒10メートル，カメは毎秒1メートル走るものとし（ずいぶん早いカメですが，計算を楽にするためですから，がまんしてください），また出発したときには，アキレスはカメの9メートルうしろにいたとします．

問　アキレスがカメに追いつくのは，出発してから何秒後

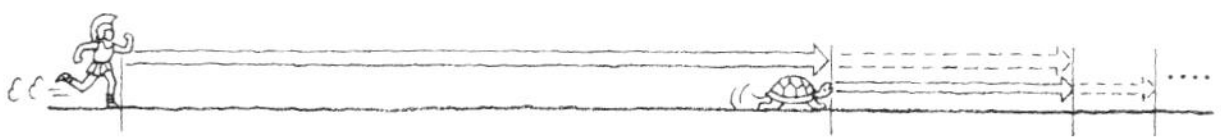

か？

（答 A） アキレスがカメの最初の位置につくまでには，0.9 秒かかる．その間にカメは，90 センチ前進する．その位置にアキレスがつくまでには，0.09 秒かかる．その間にカメは，9 センチ前進する．以下，同じように，アキレスはカメとの距離をどんどんつめてゆく．その間の所要時間の合計は，

$$0.9+0.09+0.009+0.0009+\cdots(\text{秒})$$

で，これが求める“追いつくまでの時間”である．

（答 B） 追いつくまでの時間を x 秒とすると，その間にアキレスは，出発点から $10x$ メートル進む．一方，カメはその間に x メートル進むから，アキレスの出発点から測ると

$$9+x$$

メートルの位置にくる．そこで追いついたのだから，

$$10x=9+x$$

これを解いて，

$$x=1$$

ゆえに，追いつくまでの時間は，1 秒後である．

これらをくらべれば，等式

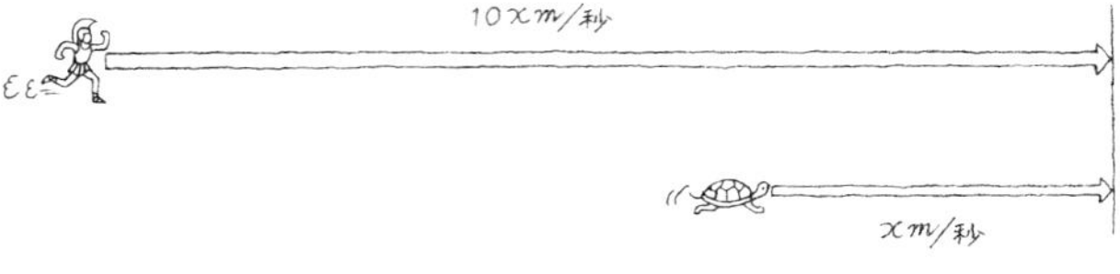

$$1 = 0.9 + 0.09 + 0.009 + 0.0009 + \cdots$$（無限に加えた答）

をみとめないわけにはいかないでしょう．

なお，この比較から，ゼノンの逆説についての別の見方が読みとれます――アキレスがカメの最初の位置につくのは，ほんとうに追いつく瞬間の0.1秒前です．アキレスがカメの次の位置につくのは，追いつく瞬間の0.01秒前です．ですから，アキレスがカメに“いつまでも”追いつけないというのは実は，追いつく瞬間の，

0.1秒前にはまだ追いついていない，
0.01秒前には（まだ）追いつかない，
0.001秒前には追いつかない，
0.0001秒前には追いつかない，
……

ということしかいっていないのです．けっきょく，

有限の時間内に，無数の瞬間がある

ということをみとめれば，驚くにはあたらないことなのでした．

ものごとをきめる

さて，いよいよ“理想的に，全部加えた答”の意味をきめる仕事にとりかかりましょう．まず準備として，数の列（数列という），たとえば

（A）　0.1，0.01，0.001，0.0001，…

(B) $1,\ -\frac{1}{2},\ \frac{1}{3},\ -\frac{1}{4},\ \frac{1}{5},\ \cdots$

(C) 1, 0.1, 1, 0.01, 1, 0.001, 1, …

(D) 1, −1, 1, −1, 1, −1, …

等々を考え，これらを一般に

$$a_1,\ a_2,\ a_3,\ a_4,\ a_5,\ \cdots$$

であらわすことにします．そして，数列が，ある一定値に“いくらでも近づく”ということの意味を，はっきりきめておきましょう．

定義 数列

$$a_1,\ a_2,\ a_3,\ a_4,\ a_5,\ \cdots$$

が，ある一定値 α に“いくらでも近づく”(あるいは，α に収束する)とは，次の条件が成りたつことをいう．

どんな正数 $d\,(>0)$ が与えられても，(あるとしても)有限個の例外を除くすべての項 a_n に対して，

$$|\alpha - a_n| < d \qquad (1)$$

が成りたつ．

たとえば数列(A)について考えてみますと，$\alpha=0$ とおけば，上の条件が成立します．実際，不等式(1)は，

$d=10$ ならば，すべての a_n に対して，

$d=1$ ならば，a_1 を除くすべての a_n に対して，

$d=\frac{1}{10000}$ ならば，a_1, a_2, a_3, a_4 を除くすべての a_n に対して，

成りたちますし，d をもっと小さくしても，例外はいつでも

有限個です．ですから，数列(A)は

0 にいくらでも近づく(0 に収束する)

というわけです．数列(B)もやはり，0 にいくらでも近づきます．

数列(D)はどうでしょうか？　これは，どんな α を考えてみても，うまくいかないのです．実際，$d=0.1$ の場合を考えると，

$$|\alpha-1| < 0.1$$

と

$$|\alpha-(-1)| < 0.1$$

とが，両方とも成りたつはずがないので，

$$a_1,\ a_3,\ a_5,\ a_7,\ \cdots\ (=1)$$

の全部(無限個)が例外になるか，さもなければ

$$a_2,\ a_4,\ a_6,\ a_8,\ \cdots\ (=-1)$$

の全部が例外になります．したがって，数列(D)は

どんな値にも近づかない(収束しない)

ということになります．

ところで，数列

(E)　$2,\ 1+\frac{1}{2},\ 1+\frac{1}{3},\ 1+\frac{1}{4},\ \cdots$

はどうでしょうか？　これは，だんだん小さくなる正数の列ですから，0 に近づくといってもよさそうです．しかしどの項も 1 より小さくはならないので，0 に“いくらでも”近づくとはいえないでしょう．さっきの定義にもどって考えてみる

と，次のことがわかります．

(a)　$\alpha=0$ とおくと，たとえば $d=0.1$ のとき，不等式(1)が成りたたなくなる —— 数列(E)は0に収束しない．

(b)　$\alpha=1$ とおくと，どんな $d(>0)$ が指定されても，有限個の例外を除いて(1)が成りたつ —— 数列(E)は1に収束する．

このように，ただ“近づく”というだけではアイマイになりがちのことが，定義の条件をあてはめて考えると，はっきり区別できます．

ここのところさえのみこめれば，“全部加えた答”の定義も簡単です．

定義　数列

$$a_1,\ a_2,\ a_3,\ a_4,\ a_5,\ \cdots$$

の“和が α に等しい”というのは，

$$\begin{aligned} b_1 &= a_1 \\ b_2 &= a_1+a_2 \\ b_3 &= a_1+a_2+a_3 \\ b_4 &= a_1+a_2+a_3+a_4 \\ &\cdots \end{aligned}$$

とおいたとき，これらの数(部分和)の列 $b_1, b_2, b_3, b_4, \cdots$ が，α にいくらでも近づくことをいう．

このとき，値 α を式

$$a_1+a_2+a_3+a_4+\cdots$$

であらわす．

たとえば,

$$a_1 = 0.9,\ \ a_2 = 0.09,\ \ a_3 = 0.009,\ \ a_4 = 0.0009,\ \ \cdots$$

の場合,

$$b_1 = 0.9,\ \ b_2 = 0.99,\ \ b_3 = 0.999,\ \ b_4 = 0.9999,\ \ \cdots$$

で, 数列 $b_1, b_2, b_3, b_4, \cdots$ は, 一定値 1 にいくらでも近づきます. ゆえに

$$0.99999999\cdots = 0.9+0.09+0.009+0.0009+\cdots = 1$$

というわけです.

くりかえしますと, "$+\cdots$" という記号は, "全部加えた答" つまり数列 $b_1, b_2, b_3, \cdots$ が近づいてゆく "さき" の一定値をあらわしているので, 決して, "ひとつまたひとつと加えてゆく" 途中の経過をあらわしているのでは**ありません**. ですから, キャロルの心配はいらないので, 彼が "$+\cdots$" の意味を(変量と)とりちがえていたのでした.

では, 式

$$1+(-1)+1+(-1)+\cdots$$

はどんな値になるでしょうか?

$$a_1 = 1,\ \ a_2 = -1,\ \ a_3 = 1,\ \ a_4 = -1,\ \ \cdots$$

$$b_1 = 1,\ \ b_2 = 0,\ \ b_3 = 1,\ \ b_4 = 0,\ \ \cdots$$

です. ところがすぐわかるように, 数列

$$1,\ \ 0,\ \ 1,\ \ 0,\ \ \cdots$$

は, どんな値にも収束しません. ですから,

$$1+(-1)+1+(-1)+\cdots$$

のような式は, ちょうど

$$\frac{0}{0}$$

のようなもので，“何の値もあらわさない，無意味な記号列”なのです —— もともと，$b_1, b_2, b_3, b_4, \cdots$ が一定値 α に収束するときにだけ，その値 α を

$$a_1+a_2+a_3+a_4+\cdots$$

であらわす，というふうに約束したのですから，一定値に近づくかどうかもたしかめないうちに，$1+(-1)+1+\cdots$ の値を考えたのがまちがいなのでした．

なお，近づくさきの一定値をあらわすことがみとめられさえすれば，

$$1=0.99999999\cdots$$

を説明する近道があります．それは，左辺から右辺を引いてみることで，

$$\begin{array}{rl} & 1 \\ - & 0.99999999\cdots \\ \hline (\text{答}) & 0.00000000\cdots \end{array}$$

9 がいつかは切れるのなら，そこで，答に 1 があらわれるはずですが，9 が無限に続くとすると，答の 0 も無限に続きます．ということは，“答に 1 など，けっしてあらわれない”ので，

$$1-0.99999999\cdots=0$$

つまり

$$1=0.99999999\cdots$$

無から有が生ずる？

前に考えた公式

$$1+x+x^2+x^3+\cdots=\frac{1}{1-x}$$

で，うっかり $x=-1$ とおいて，

$$1-1+1-1+\cdots=\frac{1}{1-(-1)}=\frac{1}{2}$$

などとやってはいけない(左側の = が成りたたない！)．アルキメデスならこんなまちがいは絶対にしなかったろうが，一時はライプニッツやオイラーのような大数学者まで，深い考えもなくこの式を信じていた．だから，イタリアのある熱心な信徒が，“神が無から天地を創造したことの可能性”を次のように論証(？)したのも，無理もないことだったのかもしれない．

“無”を無限にあつめると，“有”が生ずる．

〔証明〕 $0+0+0+0+\cdots$

$$=(1-1)+(1-1)+(1-1)+\cdots$$

$$=1-1+1-1+1-1+\cdots=\frac{1}{2}$$

このような怪しげな等式では，次の“オイラーの公式”が有名である．

$$1-2+3-4+\cdots=\frac{1}{4}$$

$$1^2-2^2+3^2-4^2+\cdots=0$$

これらもまた，“先入観というものは，最大級の人物でも，こんなに迷わせるものだ"(ラプラス)というよい例になっている.

というわけです.

長さや面積を実際に求めるには，前に述べた微積分の計算を実行するのが早道です．しかしここで大切なのは考えかたですから，まさか計算までやってみる必要はないでしょう．そんなことより，ものごとをきめるのは人間の責任であること，きめかたは自由であるが，やはり上手・下手があることを強調しておきたいと思います.

直線の長さ

曲線の長さは，折れ線の長さから定義できることがわかりました．折れ線の長さは，線分の長さの和ですから，ものさしで測ることができます．肉眼ではそう精密に測れないでしょうが，とにかく

線分の長さは，ある実数であらわされる

といってさしつかえないでしょう.

これで長さの問題はおしまい——と思ったら，大まちがいです．さいごにおそろしくむずかしい，“実数とは何か？”という問題が残っているのです.

そもそも実数は，自然界に存在するものでしょうか？　それとも，人間がつくりだしたものでしょうか？　ピタゴラス以来の努力を考えれば，あきらかにこれは人間が考えだした

ものでしょう．それなら，たとえばπという実数も，人間によって作りだされたと考えるべきで，人間が定義を与えるまでは，“なかった”といってもいいわけです．

それでは，実数はいくつぐらいあるでしょうか？ 私たちが知っている，あるいは定義した実数は，たとえば

$$0,\ \pm 1,\ \pm 2,\ \pm 3,\ \cdots,\qquad \pi,\ 2\pi,\ \frac{1}{3}\pi,\ \pi^2,\ \frac{4}{3}\pi^3,\ \cdots$$

$$0.33333333\cdots,\qquad 2.7182\cdots$$

など，無数にあります．しかし，私たちが確実に知っているといえる実数は，本当のところ，予想される実数全体からみれば，じつにわずかなものなのです．

では，私たちの知らない実数というのは，どんなものでしょうか？ だれかほかに，“すべての実数を知っている”人がいるのでしょうか？

実数は，たとえば十進法で，

□□□□．□□□□□□□□□…

のような小数としてあらわされます．ですから逆に，“このような(無限)小数を，実数というのだ”と説明(定義)することもできるでしょう．しかしそれは，たとえていえば“何をパンと呼ぶか”という定義のようなもので，そう定義したからといって，おいしいパンが作られたことにはならないのです．実数の場合でも，ひとつの特定の数字列，たとえば

$$3.14159265\cdots$$

をきちんと定義してはじめて，ひとつの具体的な実数が誕生

したと考えるべきなので，“何を実数と呼ぶか”をきめただけでは，具体的なものは何も生まれないのです．

ここからさきは，むずかしくなりますし，また円周率の話からもはずれてしまいますので，実数論に深入りするのはやめておきます．ですけれども，次の点だけは注意しておきましょう．

ふつう，私たちが“実数全体”などというときには，これから誕生するかもしれない，可能性をも含めた，ありうる実数の“わく”のようなものを考えることになります．個々のありうる実数を，全部定義してみせた人などは，世界中どこをさがしてもいないのです．

飛躍の好きな数学者は，この泥沼をポンと飛びこえます．理想的な，実数全体の集合というものがかりにあるとして，それがみたすべき性質を，公理としてきちんと書きあらわすのです．“目をつぶってごらん．水を満々とたたえた湖が見えるでしょう”この理想的な世界の公理系が，論理的に欠点のない，しかもゆたかな結果を導きだせるものであれば，それでよいではありませんか？

現在使われている実数の公理系は，実用的に十分ゆたかな内容をもっています．また，“集合論”に矛盾がなければ，実数論にも矛盾がないことがわかっています．しかし，“集合論に矛盾がなければ”というところがちょっと気になります．ついでのことですし，こちらにはやさしくておもしろい問題がたくさんありますから，集合の考えかたをながめておくことにしましょう.

集合論の落とし穴

集合とは,“もののあつまり”のことです. 数学者は, これもひとつのものと考えて, 集合 A とか集合 B などと, 名前をつけます.

“あつまり”といっても, 頭の中でひとまとめにすればよいので, 目の前によせあつめる必要はありません.

$\boldsymbol{N}$ = すべての自然数の集合

$\boldsymbol{R}$ = すべての実数の集合

A = 日本中の □ 歳の少年の集合

B = 日本中の □ 歳の少女の集合

等々(□ の中には, 好きな数字を入れてください). ただ, どんなものが集められるのか, その“範囲”がはっきりしていないといけません.

C = ハゲていない人の集合

などというのは, ちょっと困るのです――あなたの身近にいる, 髪がだいぶうすくなった人を思いうかべてください. ハゲているのといないのとは, 境界がそうはっきりしていないからです.

D = 集合 A の中から, □ 君を除いた残りの集合

というのはどうでしょうか. これは, □ がだれだかわからなければ, 未知の集合(?)というほかありませんが, □ 君をひとりきめさえすれば, 集合 A はさっききめたものとし

人間はみなハゲである

ハゲであるかどうかがはっきりきめられるものならば，“人間はみなハゲである”という定理が数学的帰納法で証明できる．実際，

髪の毛が n 本の人 ＝ ハゲ

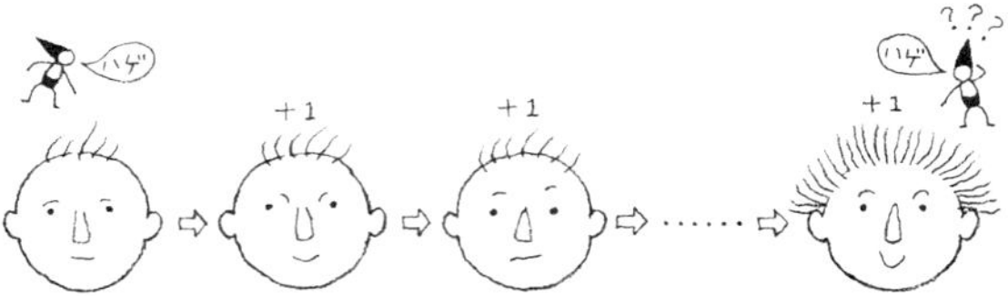

という式(主張)を考えると，これは $n=0, 1$ のときは明らかに正しい．また，$n=k$ のとき正しいと仮定すると，毛が1本ふえたぐらいでハゲがハゲでなくなるはずがないから，$n=k+1$ のときにも正しい．したがって，上の式は，n のどんな値に対しても正しい！

こんな答がでるのは，ハゲているのといないのとは，“境界がそうはっきりしていない”のに，無理な議論をしたからである．

て，やはり範囲が確定しますから，りっぱな集合です．しかし，次のようなのはいけません．

E ＝ 集合 E の中に**ある**ものの集合

これでは，何のことだか，わからないではありませんか！

これを少しひねって，次のようにわけてみても同じことです．

F = 集合 G の中に**ない**ものの集合

G = 集合 F の中に**ない**ものの集合

すべてのものが F, G のどちらかに入ることはわかりますが，何がどっちに入るのか，これだけではさっぱりわかりません．また別の例をあげると，

H = 集合 H の中に**ない**ものの集合

これも，何のことだかわかりませんし，おまけに，たとえば私がこの集合 H の中に**いる**としても**いない**としても，どちらにしても困ったことになるのです —— 私が集合 H の中にいないとすると，“H の中に(い)ない” という条件をみたすので，H の中に入らなければなりません．ところが，中に入ったとたん，条件 “H の中にない” をみたさなくなるので，外に出ていかなければなりません．こうして私は，永久に出たり入ったり，おちつくことができません．

このような集合のきめかた(定義)は，方程式でいえば

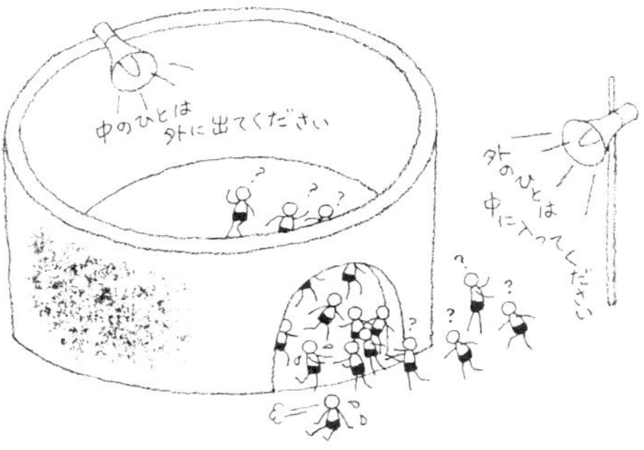

$$\begin{cases} x = -y \\ y = -x \end{cases}$$

や

$$x+1 = x-1$$

のようなもので，どれも(きめかたとしては)無意味な表現なのです．ただ困ったことには，正しい表現と無意味な表現とを見わけるのはなかなかむずかしく，簡単にはできません．たとえば，ラッセルが考えた次のような集合(？)はどうでしょうか？

X = “自分自身の中に**ある**ような集合” の集合

Y = “自分自身の中に**ない**ような集合” の集合

たとえば集合 A は，集合であって少年ではありませんから，A 自身の中には入っていません．ですから A は Y の中に入ります．また

S = すべてのものの集合

を考えますと，この S も “もの” と考える以上，S 自身の中に入ります．したがって，S は X の方に入ります．

ここまではべつに問題ないようです．しかし，X や Y が，X, Y のどちらに入るかを考えてみると，話がちがってきます．実際，

X が集合 X の中にある

かどうかを考えてみますと，それは X が条件

“自分自身の中にある”

をみたすかどうかできまるので，けっきょく

X が集合 X の中にある

かどうかがきまってないといけません．こうしてどうどうめぐりになってしまうので，ちょうど

E = 集合 E の中にあるものの集合

という表現のように，どちらでもいいようなものの，どちらともきめられなくなってしまいます．

次に，

Y が集合 Y の中にある

かどうかを考えてみましょう．そのための条件は，Y が

“自分自身の中にない”

ということですから，つまり

Y が集合 Y の中にない

ということです．

これが，さっきの集合(？)H と同じ矛盾をひき起こしていることは，おわかりでしょう．さっきは私が，集合(？)H から出たり入ったり，永久に落ちつけなかったのですが，今度は集合(？)Y が Y 自身から，出たり入ったり，落ちつくことができません．

昔は，このような(一見なんでもない，実は無意味な)言葉のいたずらに慣れていませんでした．そのために，ほかにもいろいろな逆説(パラドックス)がみつけだされ，“集合論の危機”とさわがれたものです．現在の集合論では，言葉づかいにきびしい制限がつけられていて，どんな集合も，

自分自身の中には決して入らない

ようになっています(ですから，たとえば“すべての集合の集合 S”のようなものは，みとめられません)．そしてこれまでにみつけられた逆説はどれも，避けられるようにできています．

では集合論 —— あるいは実数論 —— ひいては長さの議論，つまり円周率の話の全体が，絶対に矛盾を含まない，永遠の真理であるといえるのでしょうか？　おそらく，そうだと思います．しかし，また新しい逆説が発見されて，理論の一部を手直しするようなことも，まったくないとはいえません．数学者が使うたくさんの公理の中に，まちがい(矛盾)が絶対にないかというと，それはまだたしかめられてはいないのです．数学といえば，絶対に正しい科学であると思われるかもしれませんが，実はその根底に大きな問題が隠れているのです．“絶対”などという言葉を，むやみに使ってはいけません．

おわりに —— 万物は水である

数学には，まだ未解決の大問題がたくさんあります．数学(とくに集合論)が，絶対に正しいといえるか，というのもそのひとつです．しかしそれにしても，数学は実にさまざまの問題を解いて，人間の役にたってきました．

数学がこのように発展したのは，何の力によるのでしょうか？　いろいろないいかたができるでしょうが，習慣や他人の説などにとらわれない，

自分で自由に考える力

というのも，ひじょうに大切です．そのよい例は，かがやかしい文化の花を咲かせた古代ギリシアの人々です．彼らは，日常的な算術や幾何についての知識を，エジプトやメソポタミアから受けつぎましたが，おもしろいことに，そういう知識を決してうのみにせず，自分でもたしかめようとしました（またそういう積極的な考えを，たくさん書き残してくれたのも，ありがたいことでした）．ひとつの具体例として，私の好きな，タレスという人物の考えかたを，紹介してみましょう．

タレス（B.C. 640?–546?）は，ミレトス生まれの，商人・文化人・哲学者・数学者です．その生涯は伝説の中にかすんでいますが，活発で愉快な人だったらしく，星をながめて夢中になって，ドブに落ちて，通りがかった少女（ある本では老婆）に笑われたとか，“学者は世間知らずだ”といわれて腹を立てて，穀物の取引きで大もうけしてみせた，などという話が伝わっています．

この人はまた，“万物の根源は水である”という説をとなえたことで有名です．これはまた奇妙な説で，古代のばかげた考えの見本のように思っている人もいますが，そう思ったら大まちがいなので，“ここに科学が始まった”といってもいいくらいの新しさがあるのです．

万物の根源とか，天地創造についての説は，ほかにもいろいろあります．ギリシア神話によれば，最初にカオス（渾沌）があり，次にガイア（大地）とエロース（愛）が生まれ，ガイア

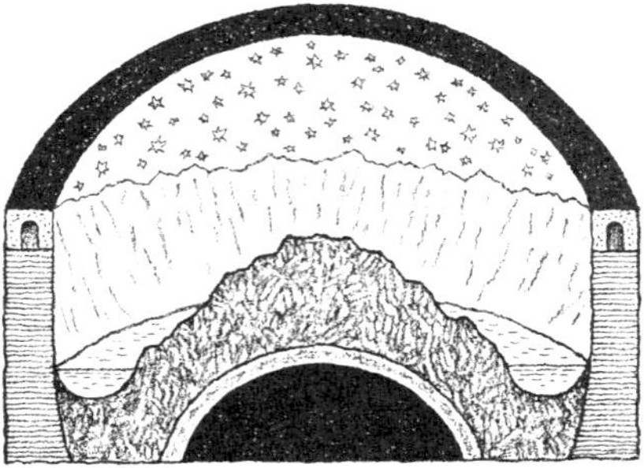

古代カルデア人が考えた宇宙　釣鐘形の天井に，西から東までトンネルがあいていて，太陽が夜そこを通ると考えていた．

からさらにウラノス(空)とポントス(海)が生まれるなど，万物がしだいに生まれでました．『旧約聖書』では，“光あれ”に始まる神の言葉によって，世界が創造されたことになっています．しかしこれらの神話・伝説は，昔々の物語であって，“なぜ”そうなのかは，説明しません．“こうなのだ”という結論だけを教える説話です．これに対して，タレスのえらいところは，“万物は，ほんとうは何からできているのだろうか？”という問題を，問題としてとりあげたことです．

もちろん当時の技術では，この問題を実験的に解決することはとうていできませんでした．そこでタレスは，言葉の力で，論理的に問題を解こうとしたのです．かりに，“万物の根源は水である”ものとして考えてみよう．そして，自然界のできごとがうまく説明できるかどうか，考えてみよう――新しい言葉でいえば，思考実験(頭の中の実験)をやってみよう，というのが彼の着想です．

彼の仮説は，なかなか魅力的です．水は天から，雨として降り，地に吸われ，やがて川になり，最後は海にそそぎこみます．このような水の運動の中に，すべてのものの生成・消滅を位置づけることができるのではないでしょうか？

しかしタレスの弟子たちは，タレスの気持をちゃんと心得ていましたから，先生の説をうのみにするようなことはしませんでした．それどころか，“水だけから，正反対の性質のもの——たとえば火が出てくるとは考えられない”ことを指摘して，別の仮説をさがしたのです．そして，何か(たとえば霧のような)中間的なものが変化して，すべてのものが生まれるのだとか，あるいは火・水・風・土の4元素がまざりあうことによって，すべてのものが作られるのだ，というような説が，いろいろ提案され，比較されました．これはやがてレウキッポス，デモクリトスの原子論や，さらにはユークリッドの幾何学にもうけつがれていったのでした．

神話の語り手たちは，彫刻のように動かない“結論”を残しました．タレスは，問題と，自由に新しい仮説を構想する精神とを残しました．科学にとってどちらが重要であったかは，今さらいうまでもないでしょう．

タレスはまた，紀元前585年5月28日の日食を予言したことでも有名です．このほか，三角形の合同定理を応用して，海岸から船までの距離を測るとか，二等辺三角形の底角が等しいことを証明するなど，ユークリッド流の論証の先駆者でもあります．

その後タレスの精神は，一時忘れ去られます．特に8〜14世紀のヨーロッパでは，何が正しいかということを，キリスト教会の指導者たちの権威できめてしまい，一般の人々に“結論を教える”という時代でしたから，人々が自分で自由に考える余地はほとんどありませんでした．おまけに，キリストその人の権威によるのではなくて，指導者とはいっても人間の考えできめてしまうのですから，ずいぶんまちがったこともあったわけです．たとえば，解剖学については，“体のどんな部分も，その目的を完全に果たすように，神によって作られている”と主張するガレノス(130?-200?)の説が正統とみとめられ，その結果，それ以上の研究は不必要だとして許可されませんでした．大学で行なわれた解剖も，ガレノスの著書を理解するためのもので，“教授がおごそかに司会し，高い椅子にすわってガレノスの翻訳を朗読した”ということです(『ブリタニカ国際大百科事典』，“解剖学”)．そのガレノス先生の知識は，アレキサンドリアの学者から学んだもののほか，サルやブタやウシを解剖して見たことを，人間にあてはめていたというのですから，ずいぶんいいかげんだったわけです．そのほか，教会が公認した説かどうかは知りませんが，

男の肋骨の数は，女よりも1本少ない

という俗説もあったそうです．聖書には，“神がアダムの肋骨をとって，それからイヴを作った”という記事があるだけ

で，骨の数が子孫に遺伝するとは書いてないように思いますが，ずいぶん乱暴な話もあったものです．

15 世紀にはいると，東方の聖なる都コンスタンチノープル(イスタンブール)が，メフメット 2 世のひきいるトルコ軍に攻撃され，ついに陥落するという事件が起きました(1453)．このときイタリアに逃げてきたコンスタンチノープルの学者たちは，それまで西ヨーロッパになかったたくさんのギリシアの原典をもたらしました(それまではアリストテレスの著作さえ，アラビア語訳をさらにラテン語に訳したものから学んでいたようです)．それらの著作は当時の知識人に新鮮な驚きを与え，めざめさせ，ふたたび自由な研究に向かわせる力になったのでした．

その後，権威と自由の争いは，2 世紀あまり続きます．なかでもガリレイの『天文学対話』の運命は，象徴的といえます．このなかで，彼は当時異端とされていたコペルニクスの地動説の解説をしているのですが，法皇ウルバヌス 8 世の許可をえて，1631 年に出版されました．ところが，この後半年もたたないうちに，教会内の古い勢力の反撃を食って，本は販売禁止となり，彼自身は宗教裁判にかけられて，けっきょく異端者として罰せられることになったのです．

それにもかかわらず，『天文学対話』はひろく読まれました．判決の後ガリレイをしばらくあずかったシエナの大司教ピコロミーニは，ガリレイを大切にあつかい，“ローマの裁判は誤りで無効だ”と公言したということです．なにしろ，

“地球が丸い”ということも，日食・月食の原因も，ギリシアの古典から知られていましたし，地球や火星が太陽のまわりを楕円運動することさえ，発表されていた(ケプラー，1609)時代です．だれがみても無理な裁判だったので，判決を伝えきいたデカルトは，“ガリレイのどこが悪いのか，わからない”といったそうです．

次の世代で，タレスの精神をうけついだ代表選手は，このデカルトとニュートンでしょう．デカルトはご存じのように，すべての権威を疑うところから出発して，だれの目にも明らかな第一原理から，すべてのものごとを説明しようとしました．彼が23歳のときのことです．“結論”だけでなく，“なぜそうなるのか”にも深い関心を示し，一歩一歩，確実に前進しようとする態度は，その後の科学者に大きな影響を与えたのでした．

ニュートンのことも，忘れるわけにはいきません．たとえば万有引力の法則にしても，決して“コロンブスの卵”といってよいような，なまやさしいものではないのです．これを基本法則として天体の運動を説明するには，ぼう大な計算のうらづけと，そして勇気が必要でした．

勇気というのは，ほかでもありません．デカルトが説いた“だれの目にも明らかな，第一原理から出発する”という，魅力的な方針に**さからう**，ということです．実際，引力というのはふしぎな力で，目には見えず，それでいてどんな遠くのものにも働きます．しかも，引力が伝わるのには，時間がかからないのです．そのためある人々は，引力を中世の神秘的な概念であるとみて，なかなかうけいれようとしなかったくらいです．中世の権威主義をすてて，新しい科学を基礎から作りなおそうとしている時代に，正体のわからない力についての法則をとりあげ，それを基本として出発するのは，“解け”といわれた結び目を剣でぶったぎるぐらいの，勇敢なことではなかったかと，私は思います．

もっとも重力という考えは以前からもありましたし，天体どうしの引力という考えも，同じ時代のフック(1635–1703)が思いついています(1674)．しかしニュートンは，1666年にすでに(地球上の)重力が月にまで及ぶとしたら，という計算をやっていますし，その後も万有引力の法則をもとにして，ケプラーの法則やガリレイの落体法則など，たくさんの観測結果がうまく説明できることを明らかにしました．ですから，万有引力というとニュートンの名前が思いだされるのも，当然のことなのです．

現代の科学――特に物理学と数学は，昔ユークリッドが試み，デカルトが夢みたように，いくつかの基本法則(あるいは公理)から出発して，たくさんの事実を説明したり，また未来のできごとを予測したりします．ただ，それらの基本法則が，“だれの目にも明らかな，絶対確実な真理”と考える人は，もういません．現在の物理学の基本法則は，数多くの実験結果にあうように考えだされた仮説なので，“だれの目にも明らかな”ものは，ほとんどないといってよいでしょう．

ある仮説から，たくさんの事実が説明できるなら，それはよい仮説です．今までの基本法則で説明できない新しい事実が発見されると，新しい法則が考えだされ，古いものにとって代わります —— これは 20 世紀になってから，実際に起こったことです．

一例をあげましょう．現代の物理学者は，私たちが住んでいる宇宙を，ユークリッドとはちがったふうに見ています．私たちの宇宙はずいぶんゆがんでいるので，一説によれば，神様がすべての邪魔物をどけてから，まっすぐ前方をにらむと —— ちょうど地球上を西へ西へと旅をすると，もとのところにもどってくるように —— はるかかなたにご自分の背中がありありと見えてくるのだそうです．

数学の公理についての考えかたも，大きく変わりました．昔から多くの知識人は，ユークリッドの諸公理を“だれの目にも明らかな真理”と考えていたのですが，今では，公理とは，理論を出発させるための基本仮説と考えられています．ですから，幾何学の公理体系にいろいろちがったものがあってもかまわないので，それぞれの体系ごとに，

これこれの公理をみたすならば，… である

という形の，条件つきの結論が導きだされるわけです．

けっきょく，現代科学の基本法則は，(少なくとも仮説であるという点で) タレスの仮説“万物は水である”の子孫である，ということもできるでしょう．こういう自由な構想力がなければ，円周率についての私たちの知識も，経験的に知ら

れた3とか $\frac{22}{7}$ などの値から，いくらもぬけだせなかったと思われます．また，タレスの説が“仮説である”という点も，たいへん教訓的です．私たちも，

自分で自由に考える

と同時に，

自分の意見が，まちがっているかもしれない

と考えるだけの謙虚さをもちたいものです．一歩一歩と確実に進んでゆく，ゆとりをもちたいものです．さもなければ，無理数比の発見者を死刑にしたというピタゴラス派の人々や，権威の名を借りて，男の肋骨が女より少ないと主張した人々を，笑うことはできないのですから．

あとがき

この本を書きあげるのに，まる1年かかりました．その間，いろいろな本について調べましたが，なかでも参考になったのは，次のような本です．

P. ベックマン『πの歴史』田尾陽一・清水韶光訳，蒼樹書房(1973)，ちくま学芸文庫(2006)

これは，中学生の読者には少しむずかしいかもしれませんが，おもしろい本ですから，大学生ぐらいになってから読まれるとよいと思います．

吉岡修一郎『数学千一夜』学生社(1967)

これはじつにおもしろい本で，エピソードを調べるときに参考になりました．同じ著者の『数のユーモア』，『数のロマンス』なども，いずれおとらぬ楽しい本です．

日本の昔の数学については，次の本を参考にしました．

平山諦『和算の歴史』至文堂(1961)，ちくま学芸文庫(2007)

ほかに，次のような本がおもしろく，役にたちました．

一松信『数のエッセイ』中央公論社(1972)，ちくま学芸文庫(2007)

E. T. ベル『数学をつくった人びと』(I)田中勇・銀林浩訳，東京図書(1962)，ハヤカワ文庫(2003)

平山諦『円周率の歴史』中教出版(1955)

この本の企画をもちこまれたのは，岩波の編集部の堺信幸さんです．それからどのような順序で本の内容を組みたてるか，考えているうちに，“自分の手で円周率を測ってみたら”ということを思いつきました．そこで，岩波映画の関戸勇さんにおねがいして，粘土や自転車による測定の，実験と撮影をしていただきました．最初は大したこともないだろうと思っていたのですが，やってみないとわからないことがあるもので，たとえば関戸さんは次のような苦労をされたそうです．

幅 1.2 cm の角棒を枠にして，厚さ 1.2 cm の粘土板を作ります(第 2 章)．これを円筒で打ちぬいて円板を作ると，できた円板は，まえよりちょっと厚くなっているのです！　これを，同じ厚さの正方形になおすために，新しく幅 1.3 cm の角棒を作らなければなりませんでした(そういう苦心をしたためか，この粘土の実験による π の近似値は，他の結果にくらべてずっと正確です)．

自転車の実験をしたときには，古在由秀先生(岩波かがくの本シリーズ『地球をはかる』の著者)のご好意で，東京天文台のグランドをお借りしました．そこで 6 人の中学生・小学生の応援で実測をしたのです．本文中の写真にあらわれている，その人たち全員が第 2 章の著者というわけです*．

さしえを描いていただいた村田道紀さんには，私の不注意

＊ 岩波現代文庫版では，実験写真や章扉の写真は割愛した．

から描きなおしをおねがいしたり，また“カルデア人の宇宙”の図をさがしていただいたり，ご苦労をおかけしました．図や囲み記事が多く，書きなおしも多かったので，出版部の小峯進さんには，ずいぶんご迷惑だったことと思います．また校正部の橋爪建夫さんは，言葉づかいの不ぞろいなところから，計算のまちがいまで指摘してくださいました．前出の堺さんや，神奈川県教育センターの田畑晶久さんにも，原稿を通読していただき，内容についていろいろなご注意をいただきました．こうなると，だれがほんとうの著者なのかわかりません．私はせいぜい，構成と文章の責任をもつ，著者“代表”というところでしょう．とにかくそのようにして，私としては十分満足できる本ができて，たいへんうれしく，また上記の方々に深く感謝しております．読者のみなさんも，もしまちがったところやなおした方がよいところに気がついたら，ぜひおしらせください．そういう交流によって，みなさんも著者の一人に参加されるのです．

1974年5月21日

野崎昭弘

現代文庫版収録にあたって

初版以来36年を経て，修正すべきところがだいぶたまっていました．「コンピュータによるπの計算競争」の最近の結果には眼を見張るものがあって，初版当時は世界記録に遠く及ばなかった日本記録が，今や世界記録を取ったり取られたりする時代になっています——現在の世界記録は，日本の近藤茂さんが独自のコンピュータ・システムで打ち立てた5兆桁，のようです(プログラムはアメリカのA. Yeeさんが協力し，2010年5月4日に計算を開始して8月3日に終了，5兆桁めの数字は2だそうです)．

重要な点で，著者の説明が誤り，あるいは不適切であったところもありました．たとえば165ページでは「怪しげな等式」(旧版172ページでは「インチキ等式」)として，次の例が挙げられています．

$$1-2+3-4+\cdots = \frac{1}{4}$$

$$1^2-2^2+3^2-4^2+\cdots = 0$$

もちろんこれらは，通常の解釈のもとではまったくの誤りですが，新しい解釈(アーベルの総和法ほか，いろいろ)をあてはめると，どちらも「正しい」のです．ここでは行きがかり上「インチキ」というほうばかりを強調して，より広い数学への配慮が足りませんでした.

幾何学の公理について，旧版187ページ(この版では182ページ)で

昔ユークリッドは，公理を“だれの
目にも明らかな真理”と考えていた

と書いていましたが，これは誤りでした．もちろん今でも一般常識としては「公理すなわち真理」と考えてさしつかえないので，公理を「理論を出発させるための，単なる前提」と考えるのは数学者だけでしょう．ところが伊東俊太郎さんのご著書によりますと，公理(英語の axiom)という言葉のもとになったギリシア語は，議論を始める前に，受け入れてほしい「前提，要請」という意味なのだそうです(伊東俊太郎『ギリシア人の数学』講談社学術文庫，211〜218ページ)．それが(たぶん)教育の場に持ち込まれてから，比較的早い段階で「明らかな真理」に昇格し，しだいに広まり，今では常識として定着しています．一方，古代ギリシアでは，ユークリッドより少し前に，プロタゴラスやゼノンのような鋭く厳しい論客がいて，たとえば「点とは何か」のような基礎的な問題についても「だれもが一致する結論」を出すことができず，果てしない論争が続いていました．そこでユークリッドは，ゼノンたちとの論争を打ち切るために，自分の立場を「前提」として「要請」して，そこから理論を出発させることにしたのです．というわけで，ユークリッドは現代数学者のように，理論の土台となる命題を「前提」として採用していました！

そこでこの部分は，この版では次のようにあらためました．

> 昔から多くの知識人は，ユークリッドの諸公理を“だれの目にも明らかな真理”と考えていた

このように，論理的な厳密さにおいて現代数学者と同じ見地に立ち，ひじょうに高いレベルの幾何学を建設したギリシア人には，「論理的な厳密さ」ゆえの，ひとつの大きな弱点がありました．それは数を 1, 2, 3, … という自然数とそれらの比(分数)までしか考えず，そこから先の「数(分数)の無限和」などは認めなかったことです(分数も彼らにとっては自然数の「比」であって，「数」ではなかった ── という問題は，ちょっと脇においておきます)．ですからたとえば円周率については，存在するのは眼の前の円の周や直径の長さ，およびそれらの比(円周率)であって，この比が一定であることは証明しましたし，その近似値(分数)はちゃんと求めているのに，円周率を正確に表わす数(分数)があるかどうかは，大きな謎だったのです．ついでながらギリシア人が「比」という相対的な量(数ではない)をどう扱ったかはおもしろい問題なのですが，長くなりますので，ここでは「エウドクソスという天才が，自然数しか使わずに，一般の比の理論を建設した」とだけ記しておきます．

というわけで，147 ページの図 1 では「線分 AB，EF の長さの比 $\sqrt{2}$ は無理数である」という説明をしていますが，これは現代の用語法に基づく説明であって，彼らは

AB^2 と EF^2 の比は 2 である,

AB と EF の比は, 自然数の比(分数)では表わせない

と言っていました——$\sqrt{2}$ という「数」など認めない(存在を認めない, 記号化もしていない)のですから,「$\sqrt{2}$ は無理数である」とは**言えなかった**のです. したがって, 旧版のように彼らが「無理**数**を発見した」と書いてしまったのは**大きな間違い**で, 彼らは

数(分数)では表わせない, 長さや比がある

ことを発見したのでした. そこで数学史の専門家は「彼らは無理量(分数では表わせない量)を発見した」というのですが, "無理量" とは耳慣れない言葉ですし, 意味がとりにくいと思って, この版では「無理数**比**を発見した」という言い方に直しておきました.

「数では表わせない長さや比がある」ことの影響は重大です. たとえば三角形の面積の公式は, 現代の小学校では数の間の関係として

三角形の面積 = 底辺×高さ÷2

と教えるのですが, 底辺や高さが数で表わせるとは限らないユークリッドの本では

三角形の面積は, 同じ底辺, 同じ高さの長方形の面積の半分である,

長方形の面積は, 底辺にも高さにも比例する

と書かれています.

では「どんな長さも数で表わせる」と考えられるようにな

ったのは，いつ頃からでしょうか．感覚的には小数表記が広まってから，数学的には無限小数(を含む，実数)の概念が確定してからです．鋭い感覚の持ち主オイラー(1707-83)などはそう考えていたのではないかと思われますが，数学的にはコーシー(1789-1857)以後なのです．ということは「すべての長さを表わす数」は，座標の考えを提案したデカルト(1596-1650)の時代にも，まだありませんでした．だからデカルトは点の位置を表わすのに，「数の組」**ではなく**「長さの組」を使っていたのです．ついでにいうと，座標軸(X 軸，Y 軸)の考えが普及したのもデカルトよりずっとあとで，座標が「数の組」になったのは，さらにあとだそうです――このあたりは，本文の修正はしませんでしたが，ここで補っておきます．

その他，まだまだ見落としがあるかもしれません．しかし円周率を追いかけるロマンの中で，私がお伝えしたかった数学の特徴・性格の本筋については，大きな修正は必要なかったと思います．それは私としては，上のような誤りもありますので大きな声では言えないのですが，ちょっぴりうれしいことです．

2011 年 1 月

著　者

本書は 1974 年 6 月，岩波書店より刊行された．

πの話

2011年2月16日 第1刷発行
2018年2月5日 第4刷発行

著 者 野崎昭弘（のざきあきひろ）

発行者 岡本 厚

発行所 株式会社 岩波書店
〒101-8002 東京都千代田区一ツ橋2-5-5

案内 03-5210-4000 営業部 03-5210-4111
現代文庫編集部 03-5210-4136
http://www.iwanami.co.jp/

印刷・精興社 製本・中永製本

ISBN 978-4-00-603211-1 Printed in Japan

岩波現代文庫の発足に際して

新しい世紀が目前に迫っている。しかし二〇世紀は、戦争、貧困、差別と抑圧、民族間の憎悪等に対して本質的な解決策を見いだすことができなかったばかりか、文明の名による自然破壊は人類の存続を脅かすまでに拡大した。一方、第二次大戦後より半世紀余の間、ひたすら追い求めてきた物質的豊かさが必ずしも真の幸福に直結せず、むしろ社会のありかたを歪め、人間精神の荒廃をもたらすという逆説を、われわれは人類史上はじめて痛切に体験した。

それゆえ先人たちが第二次世界大戦後の諸問題といかに取り組み、思考し、解決を模索したかの軌跡を読みとくことは、今日の緊急の課題であるにとどまらず、将来にわたって必須の知的営為となるはずである。幸いわれわれの前には、この時代の様ざまな葛藤から生まれた、人文、社会、自然諸科学をはじめ、文学作品、ヒューマン・ドキュメントにいたる広範な分野のすぐれた成果の蓄積が存在する。

岩波現代文庫は、これらの学問的、文芸的な達成を、日本人の思索に切実な影響を与えた諸外国の著作とともに、厳選して収録し、次代に手渡していこうという目的をもって発刊される。いまや、次々に生起する大小の悲喜劇に対してわれわれは傍観者であることは許されない。一人ひとりが生活と思想を再構築すべき時である。

岩波現代文庫は、戦後日本人の知的自叙伝ともいうべき書物群であり、現状に甘んずることなく困難な事態に正対して、持続的に思考し、未来を拓こうとする同時代人の糧となるであろう。

（二〇〇〇年一月）

岩波現代文庫[社会]

S276
ひとり起つ
—私の会った反骨の人—
鎌田 慧

組織や権力にこびずに自らの道を疾走し続けた著名人二二人の挑戦。灰谷健次郎、家永三郎、戸村一作、高木仁三郎、斎藤茂男他、今も傑出した存在感を放つ人々との対話。

S277
民意のつくられかた
斎藤貴男

原発への支持や、道路建設、五輪招致など、国策・政策の遂行にむけ、いかに世論が誘導・操作されるかを浮彫りにした衝撃のルポ。

S278
インドネシア・スンダ世界に暮らす
村井吉敬

激変していく直前の西ジャワ地方に生きる市井の人々の息遣いが濃厚に伝わる希有な現地調査と観察記録。一九七八年の初々しい著者デビュー作。〈解説〉後藤乾一

S279
老いの空白
鷲田清一

〈老い〉はほんとうに「問題」なのか? 身近な問題を哲学的に論じてきた第一線の哲学者が、超高齢化という現代社会の難問に挑む。

S280
チェンジング・ブルー
—気候変動の謎に迫る—
大河内直彦

地球の気候はこれからどう変わるのか。謎の解明にいどむ科学者たちのドラマをスリリングに描く。講談社科学出版賞受賞作。
〈解説〉成毛 眞

2018.1

S281
ゆびさきの宇宙
福島智・盲ろうを生きて
生井久美子
盲ろう者として幾多のバリアを突破してきた東大教授・福島智の生き方に魅せられたジャーナリストが密着、その軌跡と思想を語る。

S282
釜ヶ崎と福音
―神は貧しく小さくされた者と共に―
本田哲郎
神の選びは社会的に貧しく小さくされた者の中にこそある! 釜ヶ崎の労働者たちと共に二十年を過ごした神父の、実体験に基づく独自の聖書解釈。

S283
考古学で現代を見る
田中琢
新発掘で本当は何が「わかった」といえるか? 考古学とナショナリズムとの危うい関係とは? 発掘の楽しさと現代とのかかわりを語るエッセイ集。〈解説〉広瀬和雄

S284
家事の政治学
柏木博
急速に規格化・商品化が進む近代社会の軌跡と重なる「家事労働からの解放」の夢。家庭という空間と国家、性差、貧富などとの関わりを浮き彫りにする社会論。

S285
河合隼雄の読書人生
―深層意識への道―
河合隼雄
臨床心理学のパイオニアの人生に影響をおよぼした本とは? 読書を通して著者が自らの人生を振り返る、自伝でもある読書ガイド。〈解説〉河合俊雄

2018.1

岩波現代文庫[社会]

S286
平和は「退屈」ですか
―元ひめゆり学徒と若者たちの五〇〇日―
下嶋哲朗

沖縄戦の体験を、高校生と大学生が語り継ぐプロジェクトの試行錯誤の日々を描く。社会人となった若者たちに改めて取材した新稿を付す。

S287
野口体操入門
―からだからのメッセージ―
羽鳥操

「人間のからだの主体は脳でなく、体液である」という身体哲学をもとに生まれた野口体操。その理論と実践方法を多数の写真で解説。

S288
日本海軍はなぜ過ったか
―海軍反省会四〇〇時間の証言より―
澤地久枝
半藤一利
戸髙一成

勝算もなく、戦争へ突き進んでいったのはなぜか。「勢いに流されて――」。いま明かされる海軍トップエリートたちの生の声。肉声の証言がもたらした衝撃をめぐる白熱の議論。

S289-290
アジア・太平洋戦争史(上・下)
―同時代人はどう見ていたか―
山中恒

いったい何が自分を軍国少年に育て上げたのか。三〇年来の疑問を抱いて、戦時下の出版物を渉猟し書き下ろした、あの戦争の通史。

S291
戦下のレシピ
―太平洋戦争下の食を知る―
斎藤美奈子

十五年戦争下の婦人雑誌に掲載された料理記事を通して、銃後の暮らしや戦争について知るための「読めて使える」ガイドブック。文庫版では占領期の食糧事情について付記した。

S292
食べかた上手だった日本人
—よみがえる昭和モダン時代の知恵—
魚柄仁之助

八〇年前の日本にあった、モダン食生活のユートピア。食料クライシスを生き抜くための知恵と技術を、大量の資料を駆使して復元！

S293
新版 報復ではなく和解を
—ヒロシマから世界へ—
秋葉忠利

長年、被爆者のメッセージを伝え、平和活動を続けてきた秋葉忠利氏の講演録。好評を博した旧版に三・一一以後の講演二本を加えた。

S294
新島襄
和田洋一

キリスト教を深く理解することで、日本の近代思想に大きな影響を与えた宗教家・教育家、新島襄の生涯と思想を理解するための最良の評伝。〈解説〉佐藤 優

S295
戦争は女の顔をしていない
スヴェトラーナ・アレクシエーヴィチ
三浦みどり訳

ソ連では第二次世界大戦で百万人をこえる女性が従軍した。その五百人以上にインタビューした、ノーベル文学賞作家のデビュー作にして主著。〈解説〉澤地久枝

S296
ボタン穴から見た戦争
—白ロシアの子供たちの証言—
スヴェトラーナ・アレクシエーヴィチ
三浦みどり訳

一九四一年にソ連白ロシアで十五歳以下の子供だった人たちに、約四十年後、戦争の記憶がどう刻まれているかをインタビューした戦争証言集。〈解説〉沼野充義

S297
フードバンクという挑戦
―貧困と飽食のあいだで―
大原悦子

食べられるのに捨てられてゆく大量の食品。一方に、空腹に苦しむ人びと。両者をつなぐフードバンクの活動の、これまでとこれからを見つめる。

S298
いのちの旅
「水俣学」への軌跡
原田正純

水俣病公式確認から六〇年。人類の負の遺産「水俣」を将来に活かすべく水俣学を提唱した著者が、様々な出会いの中に見出した希望の原点とは。〈解説〉花田昌宣

S299
紙の建築 行動する
―建築家は社会のために何ができるか―
坂茂

地震や水害が起きるたび、世界中の被災者のもとへ駆けつける建築家が、命を守る建築の誕生とその人道的な実践を語る。カラー写真多数。

S300
犬、そして猫が生きる力をくれた
―介助犬と人びとの新しい物語―
大塚敦子

保護された犬を受刑者が介助犬に育てるという米国での画期的な試みが始まって三〇年。保護猫が刑務所で受刑者と暮らし始めたこと、元受刑者のその後も活写する。

S301
沖縄 若夏の記憶
大石芳野

戦争や基地の悲劇を背負いながらも、豊かな風土に寄り添い独自の文化を育んできた沖縄。その魅力を撮りつづけてきた著者の、珠玉のフォトエッセイ。カラー写真多数。

S302
機会不平等
斎藤貴男

機会すら平等に与えられない〝新たな階級社会の現出〟を粘り強い取材で明らかにした衝撃の著作。最新事情をめぐる新章と、森永卓郎氏との対談を増補。

S303
私の沖縄現代史
―米軍支配時代を日本(ヤマト)で生きて―
新崎盛暉

敗戦から返還に至るまでの沖縄と日本の激動の同時代史を、自らの歩みと重ねて描く。日本(ヤマト)で「沖縄を生きた」半生の回顧録。岩波現代文庫オリジナル版。

S304
私の生きた証はどこにあるのか
―大人のための人生論―
H・S・クシュナー
松宮克昌訳

私の人生にはどんな意味があったのか？　人生の後半を迎え、空虚感に襲われる人々に旧約聖書の言葉などを引用し、悩みの解決法を提示。岩波現代文庫オリジナル版。

S305
戦後日本のジャズ文化
―映画・文学・アングラ―
マイク・モラスキー

占領軍とともに入ってきたジャズは、アメリカそのものだった！　映画、文学作品等の中のジャズを通して、戦後日本社会を読み解く。

S306
村山富市回顧録
薬師寺克行編

戦後五五年体制の一翼を担っていた日本社会党は、その誕生から常に抗争を内部にはらんでいた。その最後に立ち会った元首相が見たものは。

2018. 1